市政污泥高值化利用

主编　温小萍　罗建中

郑州大学出版社

图书在版编目(CIP)数据

市政污泥高值化利用 / 温小萍, 罗建中主编. — 郑州：郑州大学出版社, 2023. 6
ISBN 978-7-5645-9696-5

Ⅰ. ①市… Ⅱ. ①温…②罗… Ⅲ. ①市政工程 – 污泥利用
Ⅳ. ①X703

中国国家版本馆 CIP 数据核字(2023)第 080866 号

市政污泥高值化利用

SHIZHENG WUNI GAOZHIHUA LIYONG

策划编辑	袁翠红	封面设计	苏永生
责任编辑	杨飞飞	版式设计	苏永生
责任校对	崔 勇	责任监制	李瑞卿

出版发行	郑州大学出版社	地 址	郑州市大学路 40 号(450052)
出 版 人	孙保营	网 址	http://www.zzup.cn
经 销	全国新华书店	发行电话	0371-66966070
印 刷	郑州市今日文教印制有限公司		
开 本	787 mm×1 092 mm　1 / 16		
印 张	9.5	字 数	233 千字
版 次	2023 年 6 月第 1 版	印 次	2023 年 6 月第 1 次印刷

| 书 号 | ISBN 978-7-5645-9696-5 | 定 价 | 59.00 元 |

作者名单

主　　审　　符　勇

主　　编　　温小萍　罗建中

副 主 编　　赵　宇　王发辉　陈国艳

参编人员　　徐　艳　河南建博环保科技研究院

　　　　　　孟庆水　河南建博环保科技研究院

　　　　　　池俊杰　河南建博环保科技研究院

　　　　　　桑　行　河南建博环保科技研究院

　　　　　　赵　建　河南建博环保科技研究院

　　　　　　姚志顺　河南建博环保科技研究院

　　　　　　杨春逍　河南省城乡规划设计研究总院股份有限公司

　　　　　　刘少甫　华夏碧水环保科技股份有限公司

　　　　　　孔晓丽　华讯碳(深圳)生态科技有限公司

　　　　　　冯　奇　郑州航空港水务发展有限公司

　　　　　　倪银伟　开封市新宋风建设投资有限公司

　　　　　　吕朝阳　河南新惠和供应链科技有限公司

内容提要

本书在全面介绍国内外市政污泥资源化利用研究领域重要研究成果、学术动态及学术观点的基础上，针对市政污泥含水量高、处理成本高、资源化利用率低、易造成环境二次污染等问题，在系统总结污泥和生物质物化特性基础上，采用燃料棒制备、低温热力干燥、热解气化、低热值气体燃烧、热能梯级利用、碳硅高效分离、活性炭制备等领先技术，实现市政污泥高值化利用。本书可供能源工程、环境工程和市政工程方向的教学、科研和生产人员及高等院校本科生和研究生参考。

前　言

　　随着我国经济快速发展和城镇人口逐年增加,市政污水伴生产物——污泥的年产量和处理量亦持续增加。然而,现有污泥稳定处理量不足25%,且传统污泥处理技术仍然相对落后,存在运行成本高、资源利用率低、二次环境污染严重等实际问题。相较于污泥,生物质具有含水率较低、含碳量高、含灰分低及热值高的特点。鉴于此,本书创新性地将污泥与生物质进行耦合,实现高值化利用,采用燃料棒制备、低温热力干燥、热解气化、低热值气体燃烧、热能梯级利用、碳硅高效分离、活性炭制备等领先技术,从基础理论和技术工艺研究、关键技术研究和中试及工业化应用三个有序层面,逐步开展污泥与生物质高效耦合资源化利用关键技术及成套装备的系统研究,进而有效解决污泥高值化利用中的关键技术难题。

　　首先,开展了污泥与生物质有机物热解气化理论与基础试验研究,揭示了污泥与生物质热解气化机理,建立了污泥热解、气化反应模型,比较分析了热解气化工艺及设备特点,提出了将热解气热值用于污泥烘干预处理,有效降低污泥处理运行成本,进而实现污泥与生物质耦合并高值化利用。

　　其次,在对污泥的脱水机理进行分析基础上,深入研究了污泥与生物质掺混制取热解气化燃料的可行性工艺,对污泥、生物质掺混前后的原料进行化验对比,提出了适用于热解气化的原料掺混比例及水分要求,揭示了生物质纤维在混合物料中的骨架透气性物理机制,并在污水处理厂成功进行了污泥与生物质耦合燃料棒制备工业化试验。

　　最后,开展了污泥与生物质耦合原料热解气化、热解气燃烧、碳硅分离及活性炭制备中试试验,对污泥与生物质高效耦合资源化利用关键技术进行了验证,并对成套装备运行稳定性及产品性能进行全方位测试。

　　从上述基础理论研究、中试试验和工业试验的综合研究结果可以得出,针对污泥与生物质混合原料,采用"热解气化+热解气燃烧余热回收+硅碳分离+活性炭制备"高值化利用核心技术路线完全可行,该技术可以真正实现污泥处置过程中高值化利用和减碳目标,并极大地降低了污泥处理中的高能耗和高运行成本问题,同时解决了污泥高值化利用中的关键技术难题,具有极好的经济效益和社会效益。

　　本书由河南理工大学温小萍教授主笔(编写第一、第三、第五、第六章),由河南理工大学符勇教授主审。在项目中试阶段,河南省非常规能源清洁高效利用技术及装备工程研究中心刘宪生、崔应新、董振江、刘习羽和河南建博环保科技研究院有限公司徐艳总经理做了大量工作,值本书出版之际,作者　并对他们表示真诚的感谢!

作　者

2022 年 11 月

目　　录

第一章 污泥高值化研究背景与国内外研究状况

第一节 研究背景及意义

市政污水又称生活污水,是城镇居民生活产生的废水。市政污泥是生活污水进行净化处理过程中产生的沉淀物质及污水表面漂出的浮渣,是一种固、液混合物质(固相和流动相)。随着我国城镇人口逐年增加,市政污水处理量随之增大,污水伴生产物——市政污泥,亦逐年递增。但是,我国污泥处理传统技术相对落后,污泥处理现状堪忧,极大困扰着污水污泥处置行业的快速发展。市政污泥中富集了污水中30%～50%的污染物,其中含有病原菌、寄生虫(卵)、有毒有机物、重金属,甚至一些抗生素成分也包含在内,同时含有大量的有机质及氮、磷、钾等营养物质,因此具有一定热值和微量元素等成分。市政污泥的有机物含量占干物质的60%～75%,有机物成分复杂,含有大量的蛋白质、氨基酸、脂肪、维生素、矿物油、洗涤剂、腐殖质、细菌及代谢物、各种含氮含硫物质、挥发性异臭物、寄生虫和致病微生物等。如果处理方式不当,例如直接填埋或未经高温处置,不但浪费污泥中的有机质热值及营养成分,更严重的则是危及地下水、土壤以及传播疾病。没有经过稳定化处理的污泥,携带了污水中近50%的污染物,不论它以后以什么形式存在,都将对环境和人类带来负面影响。由于城镇化和经济发展需求,中国城市污水产生量和处理量呈上升趋势,尤其是近年来,随着我国污泥产量逐年递增,加上污泥处理率严重偏低,污泥治理已经刻不容缓。如何科学合理地解决市政污泥无害化、减量化、稳定化、资源化处理,如何通过污泥高值化利用技术及产业化应用来同时实现社会效益、环境效益和经济效益,进而解决污泥处置行业的诸多痛点问题,已经成为目前我国污水污泥处置行业亟待攻克的重要研究课题。如图1.1所示。

(a)污水处理厂　　　　　　　　　(b)污泥储运现场

图1.1　污水和污泥处理实景

世界水环境组织将市政污泥称为生物固体,认为它是一种可以回收再利用的初级有机固体产品,由无机颗粒、有机残片、胶体和细菌菌体等组成的具有复杂性质的非均质体,具有高含水率、高有机质含量、低密度(1.01~1.02 g/cm³)、高液限等性质,其颜色发灰,臭味较大。生活污水处理时不可避免地会产生污泥这一副产品,主要来源于污水处理厂的初次沉淀污泥与二次沉淀污泥的剩余活性污泥。做好污泥处理处置工作是贯彻落实科学发展观、建设资源节约型、环境友好型社会的重要举措。各地要切实提高认识,高度重视污泥处理处置工作,将污泥处理处置工作列入重要议事日程,做出全面部署。各级发展改革、住房城乡建设部门要加强工作指导,抓紧制定规划,明确目标,落实措施,且需花费较大精力做好污泥处理处置工作。

2009年至2022年污泥年产量如图1.2所示。随着人们对生存环境的保护和改善意识不断加强,必然促使越来越多的污水需要处理。因此,在短短的十几年时间里,中国污水处理产业得到了很大发展,社会对污水重视程度也得到了很大提高。不过长期以来,我国存在着重污水处理,轻污泥(污水处理的副产品)处理的倾向,污泥处理远远滞后于污水处理。据统计,在我国现有的污水处理设施中,有污泥稳定处理设施的还不到25%。虽然大部分地区污水得到了有效处理,但忽视了对污泥的处理处置,导致污泥大量"积压"。无序弃置的污泥,并没有使污染物得到处理,相反还使污染物进一步扩散,这将使得大气、土地资源与水资源的污染更加严重,造成二次污染,这使我国污水有效处理大打折扣。污水污泥的处理处置费用较高,在我国污水处理厂的全部建设费用中,用于污泥处理的占20%~50%,甚至有的达70%左右。污泥中既含有氮、磷、钾等植物养分,也含有病原菌、寄生虫、重金属以及有机污染物。

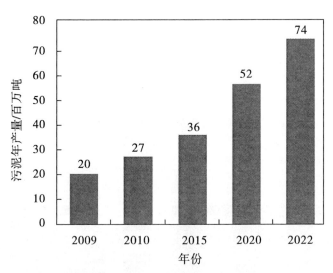

图1.2 近年来我国污泥年产量变化

由此看来,污泥处理问题已经迫在眉睫,大量未经稳定处理的污泥没有安全出路,已成为城市污水处理厂的沉重负担,影响了城市污水处理厂的正常运行,对环境造成了二次污染,从而使已经建成的城市污水处理厂不能充分发挥其消除环境污染的作用,使我国污水有效处理大打折扣。由于用地日益紧张和潜在的环境污染问题,传统的处置方法(如填埋和排海)已经不符合发展要求。因此,如何实现对污泥安全、经济有效的处置已成为我国迫切需要解决的重大问题之一。因此,如何将产量大、成分复杂的污泥,经过科学处理后使其减量化、无害化、资源化和稳定化,已得到我国乃至全世界环境界的广泛关注。目前国家关于污泥处理处置的目标是实现污泥的减量化、稳定化和无害化,鼓励回收和利用污泥中的能源和资源,坚持在安全、环保和经济的前提下实现污泥的处理处置和综合利用,达到节能减排和发展循环经济的目的。

第二节　国内外研究状况

近年来,国内外对污泥处理开展了很多研究和应用。其中,欧美发达国家污泥处理方法主要有厌氧消化、好氧发酵、脱水、干化、焚烧、填埋、热解炭化等。

厌氧消化实际上是一个多级处理过程,是将污泥置于无氧环境下,使其中的微生物实现有机质分解。该技术目前在国际上污泥生物处理过程中应用非常广泛,大规模污水处理厂在污泥处置过程中进行该技术应用具有较强的经济性。污泥厌氧消化技术在欧盟国家应用非常广泛,而且欧盟国家在污泥处置领域、污泥消化设施数量处在世界前列。与国外发达国家相比,我国在污泥厌氧消化技术发展方面相对比较落后,关键技术仍然没有取得突破性进展,而且很多处理设备也需要大量进口,污泥处理成本相对较高,实际处理效果并不理想。

污泥好氧发酵技术主要是充分利用污泥中所含有的大量微生物发酵进行污泥处理的一种生物处理技术,该技术在实际利用过程中能够实现污泥处理的无害化、资源化和减量化,而且经济性、实用性都比较高,在具体处理过程中不需要再额外增加能源使用,而且处理后不会产生二次污染。好氧发酵主要是指在进行污泥处理时需要利用污泥中的一些微生物进行发酵,从而达到生物处理效果,在技术实施过程中可以进行资源优化配置,并且对于周边生态环境破坏比较低,可操作性较强。在实际处理过程中不需要利用额外资源,并且整个处理过程非常环保和生态,在国外运用这项技术时主要是进行重金属的有效控制,已经取得了丰硕成果,在国内许多学者对于好氧发酵技术进行了广泛研究,也取得了预期工作成果,这一技术发展前景非常广阔。

在污泥处置处理技术中,高干脱水技术得到了广泛实施,并且在实际工作中产生了良好的工作效果和工作价值,这项技术在实施时主要是通过物理和化学的原理来对污泥进行有效处理,从而使得污泥的胶体能够得到有效改良,让污泥水分发生一定变化,在这一技术实施过程中,除了要进行物理和化学工作方案的实施,还需要进行机械化操作,比如运用机械进行挤压脱水处理,在污泥中束缚水的脱除率是比较高的,这样一来可以使得污泥含水率得到有效控制,多方位满足实际污泥处理要求。

污泥焚烧主要是充分借助辅助燃料以及污泥自身热量进行燃烧,实现污泥无害化处置。目前,在国内外进行污泥处置过程中,污泥焚烧技术的应用非常广泛。在处理过程中,不仅可以直接进行污泥焚烧,同时,也可以通过利用电厂燃煤锅炉、垃圾焚烧炉等实现焚烧。随着当前污泥焚烧设备以及焚烧技术的不断进步,将干化污泥以及脱水处理后的污泥按照一定比例进行掺烧,在污泥焚烧处理中前景非常广阔。

对污泥进行掩埋是处理方法中最为便捷的一种,将污泥当作垃圾去处理,在对污泥进行简单消毒后与其他垃圾混合进行掩埋,最后再利用泥土进行压实处理。根据调查显示,2018年我国掩埋污泥占总污泥量的70%。然而,由于土地资源稀缺,经济发达地区污泥掩埋的经济性和可行性非常差。同时,由于填埋污泥的地方大多为露天,没有经过有害物质处理的污泥被雨水冲刷后,将会对填埋场造成一定程度的影响,降低使用寿命的同时,也对周边环境造成了污染。因此,这种处理方法虽然方便,但是利用率和效果却相当差。其中污泥中的有害物质没有进行专业处理,对污泥进行掩埋还需要耗费大量的运输资金,这种污泥处置方法有效但是不符合经济需求,不适合长时间使用。直接填埋的方式,造成了大量的环境问题,主要表现为占用大量土地资源,产生大量渗滤液,造成地下水和地表水污染,破坏原有的生态环境。因此近年来,深度脱水-填埋技术应运而生,该技术能够通过调理预处理,破除细胞壁,释放毛细附着水和细胞内水,改善污泥的脱水性能,从而将污泥含水率降至60%以下。不过只能作为阶段性、应急性的过渡性处置技术,不能成为主流技术。

污泥好氧堆肥是指在一定的水分、C/N和通风条件下,通过好氧微生物繁殖并降解污泥中有机物,产生较高温度,从而杀死污泥中大部分寄生虫、病原体等,将污泥转变成性质稳定且无害的腐殖化产物(肥料)的过程。城镇生活污水厂产生的污泥经过好氧堆肥后能够达到限制性农用、园林绿化及土壤改良的标准,其中的有机质及营养元素得到有效的循环利用。另外,污泥好氧堆肥工艺建设和运行维护成本较低,工艺运行及操作相对简单,且工艺稳定性高,比较适合进行土地利用。因此,高温好氧发酵成为鼓励污泥土地利用的国家(如澳大利亚等)较为普遍的污泥处理技术。我国"十二五"期间已有一批示范工程,如秦皇岛绿港污泥处理厂,并且开发了高温好氧发酵技术智能化控制,滚筒一体化好氧发酵设备;但由于污泥含水率高、占地面积大、恶臭气体产物出路受限、重金属未得到处理等问题,该技术推广应用受到限制。

由于污泥中部分成分与很多建筑材料的成分较为接近,所以,可以利用污泥中这些成分进行建筑材料制作。污泥经过过滤、脱水等一系列处理后,与其他材料(如黏土、粉煤灰等)进行混合,加压成型,并放置于高温环境下焙烧,最终可以得到污泥砖。将污泥倒入密闭储罐中,在特定条件下完成污泥的干燥、除尘,得到中间产物干污泥。将干污泥倒入水泥窑分解炉,向炉内加入特定的辅料或催化剂,对混合料进行焚烧。所得熟料进行研磨,形成水泥磨粉。当前较为常见的污泥制作的建材主要包括污泥制水泥、污泥制砖、污泥制陶粒等。污泥的建材化制作和应用可以实现污泥的能源化利用,十分符合我国的可持续发展战略目标。但是,由于污泥中有机质和重金属含量较高,所以,使用污泥制作的水泥和砖块的强度较低且熔点也比较低,同时,该项技术的运行成本也相对较高,所以该项技术在我国并未得到推广应用。

污泥中含有大量有机物,将其通过化学改良或是高温炭化,可以将其制作成一系列环保材料,例如污泥制活性炭、污泥制可降解塑料等。污泥中的碳含量较大,通过热解处理和高温炭化后,可以制得吸附性良好的污泥活性炭,这是一种性能较好的吸附絮凝剂,其可以应用于废水处理作业,并可将废水中的化学需氧量及某些重金属离子进行有效去除。污泥有大量能够积累聚羟基脂肪酸的细菌,可以向污泥中添加碳源和无机盐培养基,制备可降解塑料——聚羟基脂肪酸。该技术既达到实现污泥资源化利用的目标,也可以达到环保的目的,有很好的市场价值。污泥热解炭化技术主要利用污泥有机质的热不稳定性对污泥进行分解。污泥在缺氧或无氧的状态下,会受热蒸发水分,在这一过程中,含有氧、碳等元素的大分子有机质或高分子有机质会自然而然地分解,产生一氧化碳、甲烷、乙烷以及焦油等物质的混合气体,这种混合气体在二次燃烧后产生的高温蒸汽,可以用来为余热发电的前段污泥干化工艺提供所需能源。其次,污泥的炭化反应是相对温和且缓慢的,污泥热解后剩余的固体,会在其表面和内部形成大量的间隙,成为含有碳磷钾的炭化产品,可作为土壤改良剂或土壤肥料进行利用,从而使污泥实现真正意义上的减量化、无害化、资源化。

近年来污泥热解技术也得到一定的推广应用,包括低温热解法和高温热解法。低温热解法是在无氧条件下,将干燥后的污泥加热到一定温度(通常<500 ℃),经过干馏和热分解,使污泥转化为油、反应水、不凝性气体(NGC)和焦炭四种产物。固体残渣体积大大减少;污泥热解所产生的热解油可被用作潜在的燃料;低温热解所需温度比焚烧低很多,这就限制了热解气体中污染物如 SO_2、NO_x、二噁英的排放量;低温热解设备较简单,无须耐高温、耐高压。污泥低温热解处理技术不仅占地面积小,工艺流程和反应条件简单,运行成本较低,而且反应过程是个能量净输出过程,同时污泥中重金属离子在热解过程中被钝化,可以预防堆肥法中污泥所含的重金属离子对土壤造成的潜在污染,防止焚烧法中重金属离子随粉尘传播对大气造成污染,减少对环境产生二次污染。但是在用热解法处理污泥的过程中,污泥固体体积比焚烧法减少得多,热解过程中存在芳香族物质,产物油具有低毒性,燃烧会产生有害物质,并散发出有恶臭气味的气体。

高温热解法是在隔绝空气的条件下加热,使组成成分发生大分子断裂,产生小分子气体、热解溶液和碳渣的过程,反应温度通常控制在 600~1 000 ℃。与传统500 ℃以下的低温热解技术相比,高温热解对实现污泥高效减容、重金属有效固定、减少烟气污染具有更重要的意义。但是高温热解法需要的设备要求高,存在一定的风险,并且高温下易形成致癌物质,危害较大。

污泥干化是利用热能将污泥表面和内部的水分烘干,同时杀死污泥中的病原菌和寄生虫的过程。污泥干化的优点是适用性广,干化后的污泥含水率可降至40%以下,体积可减少2/3。完全干化的污泥含水率可降至10%以下,体积大幅减少,方便存储。进行污泥干化的主要目的:①有效降低污泥的体积,以便污泥运输及处理;②减小污泥运输及处理的成本投入;③改变污泥外形,以便进行安全、卫生的有效处理;④提高最终处理的便利性及质量等。

李慧等人以污泥为原料,对生物质颗粒化进行了研究。研究了制粒工艺参数对制粒能耗和制粒性能的影响;同时姜龙波等将生物质颗粒与生物质-污泥混合颗粒的硬度和燃烧特性进行比较;Nosek R 则研究了秸秆-造纸污泥混合料颗粒的特性;方诗雯进一步将造纸污泥与煤-生物质掺混,研究其燃烧特性,尚迪尔把废弃稻草、椰壳与污泥混合,将生物质压制成非松散的颗粒状来制备生物质炭;同时曾凡等利用活化市政污泥来制备生物质炭,而袁国安等对利用城市木质废弃物热解炭活化制备活性炭进行可行性研究,认为城市典型木质废弃物热解制备活性炭具备可行性。邓双辉等人研究分析了操作参数对污泥与生物质快速共热解及残炭燃烧反应性的影响;张志霄对 N_2/CO_2 气氛下含油污泥热解特性试验研究,分析不同气氛下污泥的热转化失重、产物析出规律及不同反应阶段的反应动力学特性。马仑等针对污泥与生物质共热解后的残炭气化特性进行了试验研究;张一昕等人采用泡沫浮选法对气化细渣进行炭灰分离,同时分析了气化细渣及其炭灰分离产物的基本物性和持水能力。

目前德国基本实现污泥全部经厌氧消化处理,不但降低了近一半的污泥体积,使污泥达到稳定化,消除恶臭并可产生沼气作为能源循环利用。大多数的欧洲污水处理厂采用机械脱水的方式,最常用的依次为离心脱水、带式压滤和板框压滤。污泥干化场的数量已从1995年的110座增长到1999年的370座,到2009年已有450座。土地利用(直接利用或堆肥后利用)及焚烧后资源利用将是目前两种主要的处置方式。从欧洲目前的污泥处置方式及未来的预测来看,填埋所占的比重将继续下降,而焚烧后资源化利用则呈现上升趋势。中节能湖北博实环境工程有限公司曾进口日本污泥处理的烟气烘干和炭化核心技术和设备,但其造价较高,市场推广应用难度大,而完全可以用该研发生产的成套设备替代。德国TTI公司研发的热解成套装置可用于垃圾、污泥、轮胎等固体废弃物的处置,其主体设备包括烟气烘干炉和外热式热解炉,污泥烘干方式是干燥后的污泥与湿污泥混合降低水分后再烘干,热源来自热解气燃烧的热烟气和外加能源。成套设备的投资较大,以每天500吨污泥的处理规模为例,总投资约2.2亿元,折合吨污泥投资大约44万元/吨,据介绍其运行成本大约在220元/吨$_{污泥}$。日本的污泥处理方法一般有浓缩、脱水、厌氧消化、堆肥、焚烧和熔融等。其中,直接焚烧指在800~900℃的高温下燃烧污泥。污泥焚烧技术实现了污泥最大程度的减量化,但弊端主要有两点:一是焚烧过程中会产生二噁英、呋喃及重金属等有害物质;二是能耗较高,投资运行成本高。但是为了有效减轻填埋场的压力,干化焚烧是日本最普遍的污泥处理方式。从日本和欧洲等发达国家的污泥处理处置情况来看,污泥的资源化利用是未来的重点和发展趋势。

美国密西西比国际水务公司开发了污泥加热脱水耦合热解炭化技术,在浙江省金华市永康污水处理厂得到了应用。其处理处置技术路线分为两大部分:第一部分是燃烧天然气以外加热的方式使污泥脱水,含水率由80%降低到50%;第二部分是含水50%的污泥进入外热式的炭化炉进行炭化,热源以天然气为主,辅助热源为热解气经过洗涤后的可燃气,洗涤下来的焦油物质目前没有进行有效利用。烘干和炭化设备都是转炉,分为上下两层布置,烘干在上层,运行方式为序批方式运行。通过调研得知,其运行成本在300元/吨$_{污泥}$左右。

国内目前主要的污泥处理方式包括浓缩、调理、脱水、稳定、干化等。尤其以浓缩、调理和脱水为主,干化率很低。浓缩主要有重力浓缩、浮选浓缩和机械浓缩等。浓缩后污泥的含水率通常在95%左右,还需要进一步脱水。为了提高污泥的脱水性能,需要添加化学药剂进行调理,最常用的有无机絮凝剂或有机聚合物电解质,如聚丙烯酰胺、铝盐、亚铁盐和石灰等。大中型污水厂多采用带式应用技术脱水,随着中国对脱水污泥含水率的要求越来越严,板框脱水及新型高干度污泥脱水的比例逐年上升。中国目前主要的污泥处置方法有卫生填埋、土地利用、焚烧后建材利用等,其中卫生填埋是最常用的方式,有关标准越来越严格,比如要求进填埋场的污泥含水率不能超过60%。目前我国有关污泥土地利用的政策法规还不够完善,真正意义上的土地利用比例很低。然而随着我国耕地土壤有机质的不断下降,怎样将处理后的污泥作为有机土回归土地,是需要继续探索的一个课题,尤其是在上海、北京、广州、深圳等人口密集的大型城市,卫生填埋已无法满足可持续发展的要求,应积极吸取好的经验,结合实际情况,实现污泥的资源化利用,而非仅仅做到污泥的减量。与此同时,应明确污泥处置方式,而污泥处理方案必须满足污泥处置的要求。污泥焚烧的方式包括利用现有垃圾焚烧炉焚烧、利用工业用炉焚烧、利用火力发电厂焚烧炉焚烧、利用水泥窑掺烧和单独焚烧等,其优点主要有较大程度地实现污泥减量化、安全稳定化和无害化。在水泥窑焚烧的产物可以直接以水泥的形式被利用,而以其他方式焚烧产生的灰渣可作为建材的补充。目前,我国许多污水厂在建设污泥处理设施时并未考虑完善日后的处置路线,造成处理后的产物无处可去或无法得到有效利用。在今后的规划建设中,应在充分考虑处置路线的基础上选择处理工艺,最终实现污泥的减量化、无害化、稳定化和资源化。而实现上述美好愿景的最好技术路线是污泥热解气化技术,这也是目前最先进的污泥处理热点技术。

目前,污泥处理技术各有优缺点,具体分析见表1.1。

表1.1　污泥处理技术比较

序号	技术类别	热利用效率	污染物排放	资源化效率	投资运行成本
1	填埋	热能无利用	含重金属、重大污染源	资源化效率为零	投资最低,运行费用较低
2	直接燃烧	热利用效率高,但需设置较复杂的热回收系统来驱动发电运行及维护,费用高昂	直接燃烧将产生含二噁英、重金属、氮氧化物等有毒有害气体	资源化效率低,无法实现炭灰的资源化利用	热回收工艺设备复杂,投资及运营费用较高
3	热解	热利用效率较低,热解气热值较低,热能主要固定于炭灰中	可避免产生二噁英等有毒有害气体	资源化效率高,可产出含碳量较高的炭灰	工艺简单,投资较低,运行费用较低
4	热解气化	热利用效率较高,热解气化产生可燃气体的热能可用于污泥干燥处理	可避免产生二噁英、重金属等有毒有害物质,氮氧化物排放量较低	资源化效率较高,可产出含碳量很高的炭灰	工艺较简单,投资较低,运行费用最低

第三节　国家与产业政策

纵观我国政府部门发布的污泥处理处置相关政策,可以发现以2012年为分水岭,在2012年以前,我国政府部门在污泥处理处置工作方面并未有明确和清晰的规划目标,直到2012年,国务院出台《"十二五"全国城镇污水处理及再生利用设施建设规划》,首次对污泥处理提出明确指标。然而,在2015年以前,我国政府部门仍然存在着"重水轻泥"的偏差,直到2017年《"十三五"全国城镇污水处理及再生利用设施建设规划》明确提出要由"重水轻泥"向"泥水并重"转变,这也反映了政府部门对污泥处理的重视度明显提高。

2012年,国务院出台《"十二五"全国城镇污水处理及再生利用设施建设规划》,该文件指出:按照建设资源节约型、环境友好型社会的总体要求,顺应人民群众改善环境质量的期望,以提升基本环境公共服务能力为目标,以设施建设和运行保障为主线,统筹规划、合理布局、加大投入,加快形成"厂网并举、泥水并重、再生利用"的设施建设格局,强化政府责任,健全法规标准,完善政策措施,加强运营监管,全面提升设施运行管理水平。到 2015 年,全国所有设市城市和县城具有污水集中处理能力。文件明确要求到 2015 年,城市污水处理率达到 85%(直辖市、省会城市和计划单列市城区实现污水全部收集和处理,地级市 85%,县级市 70%),县城污水处理率平均达到 70%,建制镇污水处理率平均达到 30%。直辖市、省会城市和计划单列市的污泥无害化处理处置率达到 80%,其他设市城市达到 70%,县城及重点镇达到 30%。镇污水处理设施再生水利用率达到 15% 以上。城镇污水处理厂投入运行一年以上的,实际处理负荷不低于设计能力的 60%,三年以上的不低于 75%。"十二五"期间各项建设任务目标:新建污水管网 15.9 万千米,新增污水处理规模 4 569 万 m^3/日,升级改造污水处理规模 2 611 万 m^3/日,新建污泥处理处置规模 518 万吨$_{干泥}$/年,新建污水再生利用设施规模 2 675 万 m^3/日。

2017 年,国家出台《"十三五"全国城镇污水处理及再生利用设施建设规划》(以下简称《规划》)。《规划》以提升我国城镇生活污水处理及再生利用能力和水平为总体目标,明确了"十三五"期间的建设任务,提出了保障《规划》实施的具体措施,是指导各地加快城镇污水处理设施建设和安排政府投资的重要依据。文件总体要求以习近平新时代中国特色社会主义思想为指导,全面贯彻党的十九大和十九届二中、三中、四中全会精神,提升城镇生活污水收集处理能力,加大生活污水收集管网配套建设和改造力度,促进污水资源化利用,推进污泥无害化资源化处理处置,加快补齐设施短板,完善生活污水收集处理设施体系,满足人民日益增长的优美生态环境需要。具体目标:到 2023 年,县级及以上城市设施能力基本满足生活污水处理需求。生活污水收集效能明显提升,城市市政雨污管网混错接改造更新取得显著成效。城市污泥无害化处置率和资源化利用率进一步提高。缺水地区和水环境敏感区域污水资源化利用水平明显提升。到 2020 年年底,地级及以上城市污泥无害化处置率到 90%,其他城市达到 75%;县城力争达到 60%,重点镇提高 5 个百分点。初步实现建制镇污泥统筹处理处置:新增污泥(以含水 80% 湿污泥计)无害化处置规模 6.01 万吨/日;新增或改造污泥无害化处量设施投资 294 亿元。收取的污水处理费用应当用于城镇污水集中设施的建设运行和污泥处理,不得挪作他用。该文件在加强组织协调、完善政策保障、监督管理和运营模式等方面都提出了明确的要求。为打赢污染防治攻坚战,加快生态文明建设,中华人民共和国国家发展和改革委员会、中华人民共和国住房和城乡建设部联合印发了具体的《污泥无害化处理和资源化利用实施方案》。方案要求地方政府部门应该给予污水污泥处理处置项目一定补偿,确保补偿污水处理和污泥处理处置设施正常运营成本并合理盈利;税务总局将污泥处理纳入到免征增值税范围,对使用污泥发酵产生的沼气为原料生产的电力和热力增值税 100% 即征即退。结合我国污泥处理现状,这些政策毫无疑问能够推动污泥处理行业市场规模快速增长。2017 年 6 月 27 日第十二届全国人民代表大会常务委员会第二十八次会议《关于修改〈中华人民共和国水污染防治法〉的决定》。文件中明确要求收取的污水处理费用应当用于城镇污水集中处理设施的建设运行和污泥处理,不得挪作他用;城镇污水集中处理设施的运营单位或者污泥处理处置单位应当安全处理处置污泥,保证处理处置后的污泥符合国家标准,并对污泥的去向等进行记录。

2018年7月,国家发展和改革委员会出台《关于创新和完善促进绿色发展价格机制的意见》。该文件指出:绿色发展是建设生态文明、构建高质量现代化经济体系的必然要求,是发展观的一场深刻革命,核心是节约资源和保护生态环境。当前,我国生态文明建设正处于压力叠加、负重前行的关键期,已进入提供更多优质生态产品以满足人民日益增长的优美生态环境需要的攻坚期,也到了有条件有能力解决生态环境突出问题的窗口期。面对新时代生态文明建设和生态环境保护的新形势、新要求,要充分运用市场化手段,推进生态环境保护市场化进程,不断完善资源环境价格机制,更好发挥价格杠杆引导资源优化配置、实现生态环境成本内部化、促进全社会节约、加快绿色环保产业发展的积极作用,进而激发全社会力量、共同促进绿色发展和生态文明建设。

上述文件要求加快构建覆盖污水处理和污泥处置成本并合理盈利的价格机制,推进污水处理服务费形成市场化,逐步实现城镇污水处理费基本覆盖服务费用。具体体现为:①建立城镇污水处理费动态调整机制。按照补偿污水处理和污泥处置设施运营成本(不含污水收集和输送管网建设运营成本)并合理盈利的原则,制定污水处理费标准,并依据定期评估结果动态调整,2020年年底前实现城市污水处理费标准与污水处理服务费标准大体相当;具备污水集中处理条件的建制镇全面建立污水处理收费制度,并同步开征污水处理费。②建立企业污水排放差别化收费机制。鼓励地方根据企业排放污水中主要污染物种类、浓度、环保信用评级等,分类分档制定差别化收费标准,促进企业污水预处理和污染物减排。各地可因地制宜确定差别化收费的主要污染物种类,合理设置污染物浓度分档和差价标准,有条件的地区可探索多种污染物差别化收费政策。工业园区要率先推行差别化收费政策。③建立与污水处理标准相协调的收费机制。支持提高污水处理标准,污水处理排放标准提高至一级A或更严格标准的城镇和工业园区,可相应提高污水处理费标准,长江经济带相关省份要率先实施。水源地保护区、地下水易受污染地区、水污染严重地区和敏感区域特别是劣V类水体以及城市黑臭水体污染源所在地,要实行更严格的污水处理排放标准,并相应提高污水处理费标准。④探索建立污水处理农户付费制度。在已建成污水集中处理设施的农村地区,探索建立农户付费制度,综合考虑村集体经济状况、农户承受能力、污水处理成本等因素,合理确定付费标准。⑤健全城镇污水处理服务费市场化形成机制。推动通过招投标等市场竞争方式,以污水处理和污泥处置成本、污水总量、污染物去除量、经营期限等为主要参数,形成污水处理服务费标准。鼓励将城乡不同区域、规模、盈利水平的污水处理项目打包招投标,促进城市、建制镇和农村污水处理均衡发展。建立污水处理服务费收支定期报告制度,污水处理企业应于每年3月底前,向当地价格主管部门报告上年度污水处理服务费收支状况,为调整完善污水处理费标准提供参考。按照补偿污水处理和污泥处置设施运营成本并合理盈利的原则,加快制定污水处理费标准,并依据定期评估结果动态调整。

2019年4月29日,国家住房和城乡建设部、生态环境部、发展和改革委员会印发了《城镇污水处理提质增效三年行动方案(2019—2021年)》。方案提出:以习近平新时代中国特色社会主义思想为指导,全面贯彻党的十九大和十九届二中、三中全会精神,将解决突出生态环境问题作为民生优先领域,坚持雷厉风行与久久为功相结合,抓住主要矛盾和薄弱环节集中攻坚,重点强化体制机制建设和创新,加快补齐污水管网等设施短板,为尽快实现污水管网全覆盖、全收集、全处理目标打下坚实基础。将解决突出生态环境问题作为民生优先领域,要求地方各级人民政府要尽快将污水处理费收费标准调整到位,原则上应当补偿污水处理和污泥处理处置设施正常运营成本并合理盈利。

2020 年 4 月,国家住房和城乡建设部、发展和改革委员会联合发布了《中华人民共和国固体废物污染环境防治法》(修订版)。文中明确规定:城镇污水处理设施维护运营单位或者污泥处理处置单位应当安全处理处置污泥,保证处理后的污泥符合国家有关标准,污泥处理设施纳入城镇排水与污水处理规划,污水处理费征收标准和补偿范围应当覆盖污泥处理成本,城镇污水处理设施维护运营单位或者污泥处理单位应当安全处理污泥,保证处理后的污泥符合国家有关标准;县级以上人民政府城镇排水主管部门应当将污泥处理设施纳入城镇排水与污水处理规划,污水处理费征收标准和补偿范围应当覆盖污泥处理成本和污水处理设施正常运营成本。

2020 年 8 月,为深入贯彻习近平生态文明思想,落实党中央、国务院关于加强生态环境保护、建设美丽中国的决策部署和《政府工作报告》要求,解决城镇生活污水收集处理发展不均衡、不充分的矛盾,加快补齐城镇生活污水处理设施建设短板,国家住房和城乡建设部、发展和改革委员会公布了《城镇生活污水处理设施补短板强弱项实施方案》(以下简称《方案》)。《方案》明确要求到 2023 年,县级及以上城市设施能力基本满足生活污水处理需求。生活污水收集效能明显提升,城市市政雨污管网混错接改造更新取得显著成效。城市污泥无害化处置率和资源化利用率进一步提高。缺水地区和水环境敏感区域污水资源化利用水平明显提升。城市污水处理应加快推进污泥无害化处置和资源化利用。在污泥浓缩、调理和脱水等减量化处理基础上,根据污泥产生量和泥质,结合本地经济社会发展水平,选择适宜的处置技术路线。污泥处理处置设施要纳入本地污水处理设施建设规划,县级及以上城市要全面推进设施能力建设,县城和建制镇可统筹考虑集中处置。限制未经脱水处理达标的污泥在垃圾填埋场填埋,东部地区地级及以上城市、中西部地区大中型城市加快压减污泥填埋规模。在土地资源紧缺的大中型城市鼓励采用"生物质利用+焚烧"处置模式。将垃圾焚烧发电厂、燃煤电厂、水泥窑等协同处置方式作为污泥处置的补充。推广将生活污泥焚烧灰渣作为建材原料加以利用。鼓励采用厌氧消化、好氧发酵等方式处理污泥,经无害化处理满足相关标准后,用于土地改良、荒地造林、苗木抚育、园林绿化和农业利用。

综上可以看出,我国污泥处理起步较晚,过去十年间,行业整体发展缓慢且不顺利。展望"十四五",随着政策、技术、盈利模式等问题逐步解决,污泥处理行业将迎来较好的发展机遇。

第四节　存在问题

目前国内外污水污泥处理处置的方法很多,《污水处理厂污泥处理处置最佳可行技术导则》重点提出四种处理方法:①填埋;②直接燃烧;③热解;④热解气化。其中,填埋方法最为简单,但不能实现污泥的减量化、无害化、资源化和稳定化,填埋场成了一个定时炸弹,成了威胁人类身体健康的重大污染源;直接燃烧可实现污泥的减量化、无害化和稳定化,但由于成本很高,无法实现资源化,而且焚烧产生的氮氧化物很高,成为大气污染的重大污染源;与其他方式相比,热解气化不仅可避免产生二噁英、重金属等有毒有害物质,氮氧化物排放量较低,而且资源化效率较高,可产出含碳量较高的炭灰;与热解技术相比,热解气化的热利用效率较高,不需要添加外在能源,其原因是热解气化产生可燃气体的热能可用于污泥干燥处理,就能实现污泥减量化,运行费用最低,与热解技术相比运行成本可节约 120~200 元/吨,因此在经济效益方面具有明显优势。

污泥处理传统技术主要存在的问题归纳如下:

(1)运行成本过高。污水处理厂产生的污泥含水量达到 60% 以上,因此必须烘干处理,如果采用传统的污泥处理技术,污泥内的有机质无法得到充分利用,系统热利用效率低,必须采用电能或天然气等外加能源,导致仅污泥烘干成本就在 300 元/吨以上,再加上设备、人工、运输等其他成本,整体运行成本达到 450 元/吨以上,污水或污泥处理企业均难以承受。

(2)资源利用率偏低。污泥存在含水率高、含碳量低、含灰分高、热值低等特点,传统处理方法无法产生具有较高经济价值的副产品,无法实现资源的充分利用,导致运行经济性较低。相较于污泥,生物质的含水率低、含碳量高、含灰分低、热值高,因此将污泥与生物质耦合资源化处理亟需深入研究。

(3)环境污染严重。采用传统填埋方法,填埋场成了一个定时炸弹,直接威胁人类的生活环境和身体健康;采用直接燃烧虽然可实现污泥的减量化、无害化和稳定化,但是焚烧产生的氮氧化物很高,成为大气污染的重大污染源;采用厌氧消化或堆肥方法,虽然成本较低,但是仍然无法消除重金属污染问题。

第五节　项目概要

一、项目目标

针对当前市政污泥进行无害化、减量化、能源化、资源化处理的需求,创新性地提出将污泥与生物质高效耦合资源化利用,通过对生物质和污泥耦合气化机制、污泥与生物质混合燃料制备技术、气化灰渣碳硅分离和活性炭制备等关键技术的研究,提出一种减量化明显、资源化效率高、环境效益好的市政污泥高值化处理工艺路线,对关键技术及设备进行中试试验研究,开发适用于污泥与生物质耦合气化高效利用的成套装备,并进行工业化应用和推广。

二、项目研究内容

1. 污泥、生物质等有机质热解气化基础理论研究

深入研究有机质气化的基础理论,探究污泥、生物质及二者混料的热解气化温度、气化压力、炉温、气化剂等参数对气化效率、气体热值和气化灰特性的影响规律,为污泥与生物质

高效耦合热解气化装备设计提供必要的理论基础和设计依据。

2. 污泥与生物质高效耦合资源化利用技术工艺研究

制定污泥与生物质高效耦合资源化利用技术路线,对工艺流程、运行参数进行设计,并进行系统热平衡计算。采用机械压滤和生化方法,将污水处理厂出厂污泥含水率降低至60%左右,然后将污泥和生物质按照一定比例掺混,并通过网带式热力烘干机将其含水率降低至20%;之后送入污泥热解气化炉中进行高温处理,热解气化反应器选取下吸式固定床反应器,保证污泥颗粒的热解气化系统的稳定性;然后将污泥热解气化产生的高温热解气和高温气态热解焦油,通过高温风机送入燃烧器产生高温烟气,烟气经换热器进行热能回收,回收能量用于污泥热力干燥;热解气化后的固体颗粒经硅碳分离后,分别制备高附加值的活性炭和混凝土添加剂;热能回收后的烟气经净化处理达到国家环保要求后排至大气。采用"热力干燥+热解气化+热解气燃烧余热回收+资源化利用"的核心技术路线,为成套设备的工业化应用奠定基础。

3. 污泥与生物质耦合燃料制备技术研究

在对污泥的脱水机理进行分析的基础上,研究污泥与生物质掺混制取气化燃料的可行性工艺,对生物质、污泥掺混前后的原料进行化验分析,提出适用于气化的原料掺混比例、掺混前两种原料的水分要求等,揭示生物质纤维在混合物料中发挥的骨架透气性物理机制。

4. 污泥与生物质耦合热解气化试验研究

通过自搭建的污泥与生物质气化试验系统,采用试验和数值模拟的方法,以石英砂作为床层物料,通过冷态试验研究流化床床层区域空间内气体流动特性、压力和流速分布,分析流化区域内床层物料流化特性;通过热态试验研究混合原料气化产率、气体成分、气体热值和气化灰渣特性等参数随气化温度、气化压力的变化规律,并根据试验结果对气化设备进行工业化设计,开发适用于污泥与生物质混合原料的热解气化的成套装备。

5. 碳硅分离与活性炭制备技术研究

为了提高污泥与生物质耦合热解气化后的资源化利用价值,项目对气化灰渣进行碳硅分离技术和活性炭制备技术研究,分析影响碳硅分离、炭活化和制取高附加值活性炭的关键因素,设计一种适用于气化灰渣碳硅分离和碳活化的设备,并将制备的活性产品在废水吸附中进行吸附性试验,评价其应用技术可行性。

6. 污泥与生物质高效耦合资源化利用中试试验

在解决污泥与生物质耦合燃料制备、热解气化、碳硅分离机活性炭制备关键技术基础上,研发污泥与生物质高效耦合资源化利用技术及成套装备,并进行中试试验,验证市政污泥与生物质高效耦合资源化利用技术路线的可行性及设备可靠性。

7. 污泥与生物质高效耦合高值化利用工业应用研究

建设污泥与生物质高效耦合高值化利用示范项目,开展污泥与生物质高效耦合资源化工业应用的工艺设计、生产线系统设计及设备选型,对其应用情况进行调试分析,总结其经济效益和社会效益,进而实现污泥与生物质的减量化、资源化、能源化、无害化综合处理的科技新成果转化及产业化应用。

三、项目技术路线

项目技术路线如图1.3所示,即从基础理论和技术工艺研究、关键技术研究和中试及工业化应用三个有序层面,逐步开展污泥与生物质高效耦合资源化利用关键技术及成套装备的系统研究。具体为:有机质热解气化机理理论研究对污泥与生物质资源化利用工艺设计提供了理论基础和技术支撑;关键技术研究部分包括混合燃料制备技术研究、耦合热解气化试验研究、碳硅分离及活性炭制备技术研究,通过此过程中的混合燃料制备、热能回收利用、热解气化和燃烧、重金属高温处理、烘干后臭气参与高温燃烧、碳硅分离及活性炭制备实现污泥"减量化、能源化、无害化、资源化";在上述基础上,开展关键技术中试和成套装备工业化应用研究,进一步验证技术可行性,并对示范项目进行经济效益和社会效益综合分析。

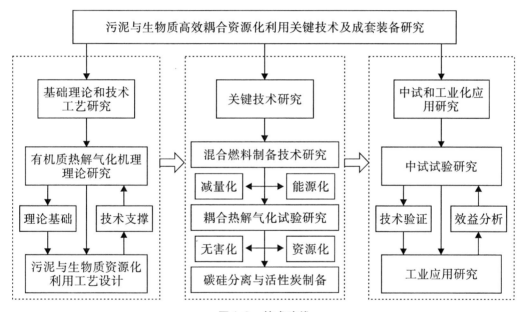

图1.3 技术路线

▲ 本章小结 ▲

本章总结了我国污泥处理现状,分析了国内外现有技术研究状况,指出了污泥处理行业存在运行成本过高、资源利用率偏低及环境污染严重等痛点问题,针对目前产业政策提出的市政污泥无害化、减量化、能源化、资源化处理目标,创新性地提出将污泥与生物质高效耦合高值化利用,从基础理论和技术工艺研究、关键技术研究和中试及工业化应用三个有序层面,逐步开展污泥与生物质高效耦合高值化利用关键技术及成套装备的系统研究;在上述基础上,开展污泥与生物质高效耦合关键技术中试和成套装备工业化应用研究,并进一步验证技术可行性、设备稳定性及整体经济性。

第二章 热解气化理论与基础试验研究

污泥和生物质均属于有机固废,均含有较为丰富的有机质。相较于污泥,生物质的含水率低、含碳量高、含灰分低、热值高,如果将污泥与生物质耦合资源化处理,可以有效利用二者相互补充的物理、化学特性,提取混合物料中的有机成分,可通过热解气化工艺进行能源化利用,将其热值用于污泥的烘干预处理,有效降低污泥处理运行成本,进而实现二者的高效耦合资源化利用。污泥、生物质等有机质的热解气化基础研究可为污泥与生物质高效耦合热解气化装备设计提供必要的理论基础和设计依据。

第一节 污泥与生物质热解机理

污泥与生物质均属于有机质。有机质热裂解过程首先从热量的传递驱动一次转化开始,热量从物料外部传入,温度升高导致自有水分蒸发,不稳定挥发分发生降解,并从反应物内部逸出进入气相。进入气相和残留在颗粒内部的挥发分还将发生二次反应,二次反应产生的反应热又改变了颗粒的温度,从而影响热裂解过程的进行。有机质热裂解过程是一个复杂的物理化学过程,涉及传热、传质、化学反应、物理变化等领域。对于有机质热裂解的研究通常从动力学特点入手来解释其过程的发展。从应用方面来看,动力学计算的目的是获得相对简单的模型,它将可以用于指导设计和实际操作运行。另外,一些机理性的变化过程将以表观动力学的方式表现出来。热分析则为反应动力学的研究提供了一般的分析手段。

有机质热裂解动力学研究中应用最多的有热重分析和等温质量变化分析。热重分析属于慢速热裂解,是样品在程序升温下分解,同时得到失重变化。热重分析所用样品少,升温速率小于 100 ℃/min,减少了气固二次反应,而且整个反应可控。然而,热重分析并不适用于高的加热速率,因为其结果不能外推。等温质量变化分析属于快速热裂解,目的是在很短的时间内将试样提升到比较高的温度,然后保持该恒定的温度,使试样在该温度下发生热裂解反应。由于有机质热裂解制油主要是在快速热裂解条件下进行的,本节主要介绍有机质快速热裂解的动力学特性。

Di Blasi 将快速热裂解反应模型分为初级裂解和焦油二次裂解两种,初级裂解又分为单组分裂解模型和多组分裂解模型。单组分裂解模型将有机质看作是单个组分,由 3 个平行方程描述热裂解过程,3 个方程分别对应气、液、固 3 种产物。多组分裂解模型是将有机质看作是由 3 种伪成分组成的,每种伪成分的热裂解都可以用一级反应方程表示。焦油裂解反应模型是指在高温、长停留时间下,焦油蒸气会发生二次裂解反应,反应受两个竞争反应的控制。但是大多数研究忽略竞争反应,而只把焦油裂解看作是一个整体反应。Prakash 对热裂解模型的分类更为简单,将有机质热裂解模型分为单步整体反应模型、竞争反应模型、半总体模型和焦油二次裂解模型等。本节依据 Prakash 的分类对快速热裂解模型进行简单介绍。

一、单步整体反应模型

单步整体反应将热裂解过程看作是单步一级 Arrhenius 反应,反应机理如图 2.1 所示。Drummond 等利用网屏加热器对甘蔗渣等纤维素材料进行了热裂解规律的研究,认为甘蔗渣的快速热裂解可以采用单步整体反应模型描述。Westerhout 等在层流炉上研究聚合物的热裂解特性,同样采用单步整体反应模型描述热裂解机理。Zabaniotou 等在早期的研究中,利用俘样反应器研究橄榄剩余物的快速热裂解动力学模型时,采用的是单步一级反应模型。

图 2.1　单步整体反应模型

二、竞争反应模型

此模型亦称为平行反应模型。Di Blasi 一直致力于有机质热裂解特性的研究,特别是在快速热裂解方面进行了大量的工作。将有机质看作是单个组分,由 3 个平行方程分描述热裂解过程,3 个平行方程分别对应气、液、固 3 种产物。Di Blasi 在利用辐射加热反应器研究木材颗粒的快速热裂解时,采用此反应模型描述了快速裂解形成初级热裂解产物(炭、液体和气体),如图 2.2 所示。图 2.2 中,k_G、k_L 和 k_C 分别是形成气体、液体和炭反应的速率常数;k 是木材热裂解的总反应速率常数。

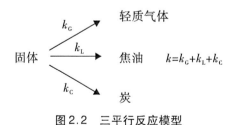

图 2.2　三平行反应模型

Zabaniotou 等在丝网反应器上进行了橄榄果壳的快速热裂解试验,橄榄果壳在 573 K 以 200 K/s 的升温速率升温至 873 K 后等温热裂解,并由两个方程组成的平行反应模型描述热裂解过程。模型如图 2.3 所示,反应 1 和反应 2 级数相同。经过计算并与试验结果比较后,认为反应级数为 1 时模型能够较好地模拟热裂解过程。

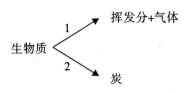

图2.3　平行反应模型

Soravia 在层流炉上研究纤维素的快速热裂解动力学方程时,考察了单步和多步平行动力学模型。通过比较试验结果与模型预测结果认为,所有的试验结果都可以用带有活化反应的一级或多级平行反应方程描述,其中最合适的是二级平行反应方程。Lehto 研究了煤泥在层流炉中的快速热挥发特性,利用两种不同的反应模型描述热裂解反应。在单步整体反应方程中,频率因子与颗粒大小、反应温度无关,是一常数,而活化能则与两者相关。在两步竞争反应方程中,同一反应温度下,动力学参数相同。在低温反应区,反应温度增加,频率因子减小,活化能变化不大;在高温反应区,温度增加,活化能增加,而频率因子不变。

三、半总体模型

Lanzetta 研究麦秸和稻秆的快速热挥发特性时指出,人们利用 TG 研究麦秸热裂解得到的动力学参数并不适用于快速热裂解,因为二者加热速率相差很大,而慢速热裂解的动力学参数不能描述快速热裂解。因此,提出了两步半总体模型,用来描述麦秸和稻秆在快速加热条件下的挥发特性,如图 2.4 所示。图 2.4 中,A 是麦秸或稻秆;B 是中间固体产物;V_1 和 V_2 是两个反应产生的挥发产物;C 是最终形成的固体残炭;其中,$k_1 = k_{V_1} + k_B$,$k_2 = k_{V_2} + k_C$。

图2.4　两步半总体热裂解模型

Branca 等研究木材在 528 ~ 708 K 范围内等温分解的动力学模型时,也使用了半总体模型,如图 2.5 所示。图 2.5 中,A 是木材,B 和 D 是中间固体产物;V_1、V_2、V_3 是 3 个反应产生的挥发产物;C 是最终形成的固体残炭。

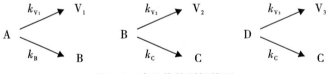

图2.5　半总体热裂解模型

四、焦油二次裂解反应模型

Janse 研究木材快速热裂解时,采用焦油二次裂解模型。该模型中,木材在高温下同时发生 3 种反应,分别生产不可凝气体、焦油和残炭,其中,焦油可以进一步发生两种裂解反应,分别生成不可凝气体和残炭,热裂解过程如图 2.6 所示。他们同样假设这 5 个热裂解反应都是一级 Arrhenius 反应。

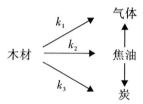

图 2.6　Janse 反应模型

Damartzis 分别采用 Koufopanos 模型和 Janse 模型对文献的试验结果进行了分析,认为 Koufopanos 模型能够更真实地反映实际热裂解过程。Koufopanos 等认为有机质的热裂解速率与其组分有关,是纤维素、半纤维素和木质素的热裂解速率之和,而且很难确定出中间产物的组成,试验也难测定中间产物的分量。因此,提出了一个不包含中间产物,考虑了二次反应的动力学模型。每个反应都是一个 Arrhenius 方程,n 是反应级数。Koufopanos 热裂解模型如图 2.7 所示。

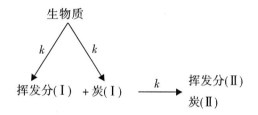

图 2.7　Koufopanos 热裂解模型

表 2.1 总结了国外研究者得到的有机质热裂解动力学参数。国内的有机质快速热裂解动力学研究始于 20 世纪 90 年代。吴创之等认为,对热裂解的研究大多是在 TGA 和 DSC 等分析仪器中进行的,加热速度很慢,属于慢速热裂解,而加热速率对热裂解有很大影响,因此试验结果和工程实际中的快速热裂解有很大差别。他利用三竞争反应模型在自制的管式炉上研究木材快速热裂解动力学,得到动力学参数如表 2.2 所列。

表 2.1 有机质热裂解动力学参数

研究者	反应序号	$E/(kJ/mol)$	A/s^{-1}
Drummond		92.60	$2.13×10^6$
R. W. J. Westerhout		150.00	$5.00×10^9$
Di Blasi	k_G	152.70	$4.40×10^9$
	k_T	148.00	$1.10×10^{10}$
	k_C	111.70	$3.20×10^9$
Abaniotou	k_1	46.65	$1.60×10^4$
	k_2	32.10	$8.05×10^2$
D. R. Soravia	k_1		
	k_2	124.61	$1.80×10^9$
	k_3	156.73	$1.80×10^{11}$
Lehto			
单步(800 ℃)		82.0(平均粒径 120 μm)	$1.00×10^5$
		80.5(平均粒径 200 μm)	$1.00×10^5$
两步(800 ℃) 低温(<480 ℃) 高温(480~800 ℃)		47.90 85.70	$1.93×10^2$ $1.25×10^5$
M. Lanzetta			
Wheat Straw	k_1	15.44	$2.43×10^4$
	k_2	11.30	$5.43×10^5$
Corn Stalks	k_3	21.86	$6.36×10^6$
	k_4	15.58	$2.70×10^3$
A. M. C. Janse	k_1	177.00	$1.11×10^{11}$
	k_2	149.00	$9.28×10^9$
	k_3	125.00	$3.05×10^7$
	k_4	87.80	$8.60×10^4$
	k_5	87.80	$7.70×10^4$

续表2.1

研究者	反应序号	$E/(\text{kJ/mol})$	A/s^{-1}
A. L. Brown	k_1	242.40	2.8×10^8
	k_2	1.40	1.9×10^4
O. Boutin	k_1	242.00	2.8×10^{19}
	k_2	198.00	3.2×10^{14}
	k_3	151.00	1.3×10^{10}
N. Bech	k_1	240.00	2.8×10^{19}
	k_2	140.00	6.9×10^9
Rice	k_1	150.00	1.3×10^{10}
	k_2	108.00	4.3×10^6
Th. Damartzis	k_1	46.65	1.6×10^4
	k_2	32.10	8.05×10^2
	k_3	81.00	5.7×10^5

表2.2 动力学参数计算结果

原料	反应温度/℃	$E/(\text{kJ/mol})$	A/s^{-1}
松木	710	18.466 5	5 008.23
	810	13.732 0	117.58
	900	8.479 7	12.85
橡胶木	700	24.391 8	62 948.95
	800	15.913 2	472.52
	900	11.138 6	19.54

　　天津大学陈冠益等人在自制的快速升降炉装置进行单颗粒或多颗粒有机质热裂解试验,单颗粒样品或极少量样品在升降炉中升温很快,升温所需的时间远小于脱挥发分时间,因此可以认为整个热裂解过程中样品温度等于外部炉温,采用的动力学反应模型如图2.8所示。

　　山东省清洁能源工程技术研究中心在有机质闪速加热条件下的挥发特性方面做了许多研究。易维明等在自制的层流炉上研究了玉米秸秆、麦秸、稻壳、椰子壳4种生物质的热裂解挥发特性。层流炉结构示意如图2.9所示。每种物料做了4个加热温度、4个热裂解时间的试验。表2.3列出了麦秸的热挥发试验数据。

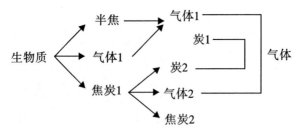

图2.8　陈冠益等人提出的生物质热裂解综合动力学模型

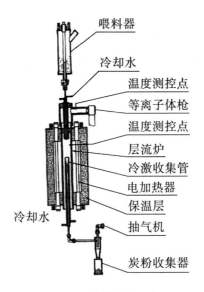

图2.9　层流炉结构示意图

表2.3　麦秸的热挥发试验数据

不同温度	项目	试验对应数据			
加热温度 750 K	挥发时间/s	0.137	0.171	0.206	0.240
	挥发百分比/%	47.540	52.140	56.870	61.270
加热温度 800 K	挥发时间/s	0.128	0.160	0.192	0.230
	挥发百分比/%	57.420	61.520	65.190	68.710
加热温度 850 K	挥发时间/s	0.121	0.151	0.181	0.217
	挥发百分比/%	61.150	65.220	70.320	72.870
加热温度 900 K	挥发时间/s	0.115	0.148	0.172	0.201
	挥发百分比/%	64.090	69.180	72.320	75.950

有机质的热挥发都遵循一级 Arrhenius 定律形式的反应动力学方程,即

$$\frac{\mathrm{d}W}{\mathrm{d}t} = A \cdot (W_{\infty} - W) \cdot \exp\left(-\frac{E}{RT}\right) \tag{2-1}$$

式中，W 为有机质在挥发时间 t 时刻的热裂解挥发量百分比（以原始有机质质量为基准），%；W_{∞} 为有机质的最终挥发总量百分比，%；t 为挥发时间，s；A 为表观反应频率因子，s^{-1}；E 为表观反应活化能，kJ/mol；R 为气体常数，kJ/(mol·K)；T 为有机质的温度，K。

有研究表明，在层流炉内，物质颗粒在极高的加热速率下瞬间达到加热环境温度。所以方程式（2-1）中，对于固定的加热温度而言，只有 W 和 t 是变量。如果令

$$B = A \cdot \exp\left(-\frac{E}{RT}\right) \tag{2-2}$$

则式（2-1）简化为

$$\frac{\mathrm{d}W}{\mathrm{d}t} = B \cdot (W_{\infty} - W) \tag{2-3}$$

定解条件 $t=0$，$W=0$，可以解得

$$\ln\left(\frac{W_{\infty}}{W_{\infty} - W}\right) = Bt \tag{2-4}$$

如果假定正确，那么根据试验数据整理的方程式（2-4）等号左右数据应该呈线性关系。这里假定有机质的最终挥发量百分比 $W_{\infty} = 80\%$，对数据进行处理，得到图 2.10，数据显示了很强的线性关系。各数据线性度都在 96% 以上，相应直线的斜率就是对应的 B 值。这样的试验数据印证了前面的假定。

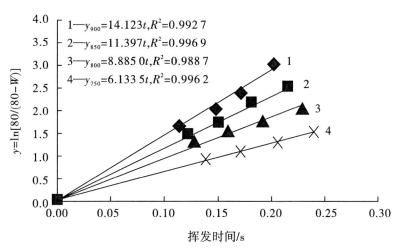

图 2.10　按方程式（2-4）计算的麦秸数据拟合的直线

在层流炉内部，有机质颗粒先是以极高升温速率达到层流炉载流气的气流温度，然后就在这样的温度下发生热裂解挥发。由 B 的定义式方程式（2-2）：$B = A \cdot \exp\left(-\frac{E}{RT}\right)$ 可以看到，这是一个包含反应动力学参数，即表观反应频率因子、表观反应活化能的以有机质温度 T 为变量的方程。对此方程做适当处理

$$\ln B = -\frac{E}{R} \cdot \frac{1}{T} + \ln A \tag{2-5}$$

对于某种有机质材料而言,以 $\ln B$ 和 $1/T$ 为变量,可以得到相应的反应动力学参数。特别是,如果它们之间是线性关系的话,说明对于该种有机质材料而言,其化学动力学参数与加热条件无关。通过整理现有的四种有机质材料数据,发现正是存在这样的线性关系。也就是说,在闪速加热条件下,有机质热挥发特性参数仅与有机质品种有关,与加热速率无关。图2.11是数据关系曲线,每个曲线的斜率是活化能与气体常数的比值;截距是表观反应频率因子的自然对数。由此可以获得四种有机质材料的热挥发动力学参数。曲线自下而上依次是稻壳、椰子壳、玉米秸秆、麦秸的数据曲线。其中的稻壳、椰子壳给出了相关性,都达到98%以上。由此得到了四种有机质材料的闪速加热条件下热挥发特性参数,参见表2.4。

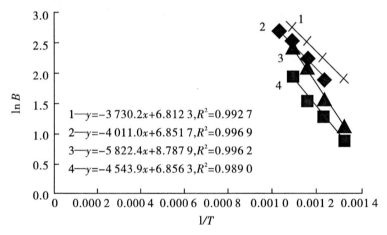

$1—y=-3\,730.2x+6.812\,3, R^2=0.992\,7$
$2—y=-4\,011.0x+6.851\,7, R^2=0.996\,9$
$3—y=-5\,822.4x+8.787\,9, R^2=0.996\,2$
$4—y=-4\,543.9x+6.856\,3, R^2=0.989\,0$

图2.11 四种有机质材料 $\ln B$ 与 $1/T$ 的线性关系曲线

表2.4 四种有机质的闪速加热挥发特性参数

有机质种类	稻壳	椰子壳	玉米秸秆	麦秸
表观反应频率因子/s^{-1}	949.8	6 554.5	945.5	909.0
表观(E/R)/K	4 543.9	5 822.4	4 011.0	3 730.2

图2.12是麦秸的挥发过程利用挥发特性方程理论计算结果与试验数据的对比。由这些理论预测与试验数据对比图可以得出,采取前述的理论分析方法和预先的假定是合理的,并且理论预测结果与试验数据非常吻合。

虽然利用层流炉测定有机质闪速加热条件下的挥发特性取得了较好的结果,但利用层流炉还需要解决两个问题:一是层流炉工作过程中要求温度为恒温,而传统的层流炉都采用的是外加热方式,末端的冷却作用及携带气流的进入都将造成内部气流温度的不均匀;二是实现稳定均匀的喂料是保证试验顺利进行以及获得准确的动力学数据的关键所在。

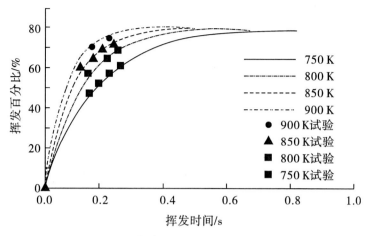

图2.12　麦秸理论预测与试验数据对比

为了解决以上两个问题,山东理工大学的科研人员专门设计了一套以等离子体为主加热热源、配合管壁保温措施的新型层流炉系统。其不仅可以保证气流温度恒定、温度容易调整,而且能够使得层流炉管壁和工作气体处于同一温度,控温误差在3 ℃,满足层流炉只有流动速度分布、不存在温度分布的要求。有机质粉喂入量的调整是通过改变振动喂料器的振幅实现的,可靠性和稳定性均满足试验要求。

选取3类典型生物质类有机质在新型层流炉中进行快速热裂解试验:①玉米秸、麦秸、棉花秆(秸秆类);②稻壳、椰子壳(皮壳类);③白松(林木类)。表2.5 为6 种物料的动力学参数。

表2.5　6种物料的动力学参数

反应原料	A/s^{-1}	$E/(\mathrm{kJ/mol})$
玉米秸	1.04×10^{3}	33.91
麦秸	1.05×10^{3}	31.65
棉花秆	2.44×10^{3}	40.84
稻壳	1.19×10^{3}	39.30
椰子壳	6.84×10^{3}	48.73
白松	1.83×10^{3}	37.02

从表2.5 中可以看出,上述6 种物料在闪速加热条件下的活化能(E)在 31 ~ 48 kJ/mol之间。按照反应动力学理论,当 E<40 kJ/mol 时反应为快速反应,从而印证了试验数据的可靠性。对6 种物料的模型计算结果与试验结果进行对比,验证了整个试验设计合理,数据分析准确。

第二节 污泥与生物质气化机理

一、气化技术及原理

有机质气化是利用空气中的氧气或含氧物作为气化剂,在高温条件下将有机质燃料中的可燃部分转化为可燃气(主要是氢气、一氧化碳和甲烷)的热化学反应。20 世纪 70 年代,Ghaly 首次提出了将气化技术应用于有机质这种含能密度低的燃料。有机质的挥发分含量一般在 76% ~86%,有机质受热后在相对低的温度下就能使大量的挥发分物质析出。几种常见有机质燃料的工业分析如表 2.6 所示。

为了提供反应的热力学条件,气化过程需要供给空气或氧气,使原料发生部分燃烧。尽可能将能量保留在反应后得到的可燃气中,气化后的产物含 H_2、CO 及低分子的 C_mH_n 等可燃性气体。整个过程可分为干燥、热解、氧化和还原。

表 2.6 典型有机质燃料的工业分析

种类	水分/%	挥发分/%	固定碳/%	灰分/%	低位热值/(MJ/kg)
杂草	5.43	68.77	16.40	9.46	16.192
豆秸	5.10	74.65	17.12	3.13	16.146
稻草	4.97	65.11	16.06	13.86	13.970
麦秸	4.39	67.36	19.35	8.90	15.363
玉米秸	4.87	71.45	17.75	5.93	15.450
玉米芯	15.00	76.60	7.00	1.40	14.395
棉秸	6.78	68.54	20.71	3.97	15.991

(1)干燥过程。有机质进入气化炉后,在热量作用下,析出表面水分。200 ~300 ℃时为主要干燥阶段。

(2)热解反应。当温度升高到 300 ℃以上时开始进行热解反应。在 300 ~400 ℃时,有机质就可以释放出 70% 左右的挥发组分,而煤要到 800 ℃才能释放出大约 30% 的挥发分。热解反应析出挥发分主要包括水蒸气、氢气、一氧化碳、甲烷、焦油及其他碳氢化合物。

(3)氧化反应。热解的剩余木炭与引入的空气发生反应,同时释放大量的热以支持生物干燥、热解和后续的还原反应,温度可达到 800 ~1 000 ℃。

(4)还原过程。还原过程没有氧气存在,氧化层中的燃烧产物及水蒸气与还原层中木炭发生反应,生成氢气和一氧化碳等。这些气体和挥发分组成了可燃气体,完成了固体有机质向气体燃料的转化过程。

二、气化工艺

有机质气化有多种形式,如果按气化介质可以分为使用气化介质和不使用气化两种,前者又可以细分为空气气化、氧气气化、水蒸气气化、氢气气化等,后者有热分解气化。不同气化技术所得到的热值不同,因而应用领域也有所不同,如表2.7所示为不同气化工艺技术产生可燃性气体的热值及其主要的用途。

表2.7　不同气化工艺技术的用途

气化技术	可燃气体热值(标准状态)/(kJ/m^3)	用途
空气气化	5 440 ~ 7 322	锅炉、干燥、动力
氧气气化	10 878 ~ 18 200	区域管网、合成燃料
水蒸气气化	10 920 ~ 18 900	区域管网、合成燃料
氢气气化	22 260 ~ 26 040	工艺热源、管网
热分解气化	10 878 ~ 15 000	燃料与发电、制造汽油与酒精的原料

三、气化设备

气化炉是有机质气化反应的主要设备。按气化炉的运行方式不同,可以分为固定床、流化床和旋转床三种类型。国内目前有机质气化过程所采用的气化炉主要为固定床气化炉和流化床气化炉。固定床气化炉和流化床气化炉又有多种不同的形式。

1. 固定床气化炉

固定床气化炉是一种传统的气化反应炉,其运行温度大约为1 000 ℃。固定床气化炉可以分为上吸式、下吸式和横吸式气化炉。

上吸式气化炉中,有机质原料由炉顶加入,气化剂由炉底部进气口加入,气体流动的方向与燃料运动的方向相反,向下流动的有机质原料被向上流动的热气体烘干、裂解、气化。其主要优点是产出气在经过裂解层和干燥层时,将其携带的热量传递给物料,用于物料的裂解和干燥,同时降低自身的温度,使炉子的热效率提高,产出气体含灰量少。

下吸式气化炉中,有机质由顶部的加料口投入,气化剂可以在顶部加入,也可以在喉部加入。气化剂与物料混合向下流动。该炉的优点是,有效层高度几乎不变、气候强度高、工作稳定性好、可以随时加料,而且气化气体中焦油量较少。但是燃气中灰尘较多,出炉温度较高。

横吸式气化炉中,有机质原料由气化炉顶部加入,气化剂从位于炉身一定高度处进入炉内,灰分落入炉栅下部的灰室。燃气呈水平流动,故称作横吸式气化炉。该气化炉的燃烧区温度可达到2 000 ℃,超过灰熔点,容易结渣。因此该炉只适用于含焦油和灰分不大于5%的燃料,如无烟煤、焦炭和木炭等。

2. 流化床气化炉

流化床燃烧技术是一种先进的燃烧技术。流化床气化炉的温度一般在 750 ~ 800 ℃。这种气化炉适用于气化水分含量大、热值低、着火困难的有机质物料,但是原料要求相当小的粒度,可大规模、高效的利用生物质能。按照气固流动特性不同,流化床气化炉分为鼓泡床气化炉、循环流化床气化炉、双流化床气化炉和携带床气化炉。鼓泡床中气流速度相对较低,几乎没有固体颗粒从中逸出。循环流化床气化炉中流化速度相对较高,从床中带出的颗粒通过旋风分离器收集后,重新送入炉内进行气化反应。双流化床与循环流化床相似,如图 2.13 所示,不同的是第Ⅰ级反应器的流化介质在第Ⅱ级反应器中加热。在第Ⅰ级反应器中进行裂解反应,第Ⅱ级反应器中进行气化反应。双流化床气化炉炭转化率较高。

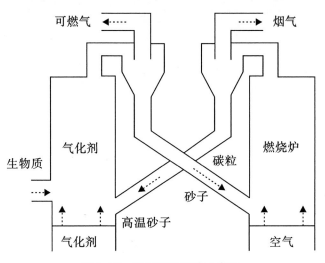

图 2.13　双循环流化床示意图

携带床气化炉是流化床气化炉的一种特例,其运行温度高达 1 100 ~ 1 300 ℃,产出气体中焦油成分和冷凝物含量很低,炭转化率可以达到 100%。

四、气化模型

有机质气化过程中的气固动力学模型基本方程含有质量、动量、能量以及组分输运的守恒方程,具体公式如下:

$$\frac{\partial \rho}{\partial t} + \nabla(\rho \bar{u}) = S_p \qquad (2-6)$$

$$\frac{\partial(\rho \bar{u})}{\partial t} + \nabla(\rho \bar{u}\bar{u}) = -\nabla p + \nabla(\mu \nabla \bar{u}) + S_N \qquad (2-7)$$

$$\frac{\partial(\rho H)}{\partial t} + \nabla(\rho \bar{u}H) = \nabla(\lambda \nabla T) + S_H \qquad (2-8)$$

$$\frac{\partial(\rho Y_f)}{\partial t} + \nabla(\rho \bar{u}Y_f) = \nabla[D\nabla(\rho Y_f)] + S_Y + R_f \qquad (2-9)$$

式中,ρ 为密度,kg/m^3;t 为时间,s;$\bar{u}$ 为瞬时速度,m/s;p 为气体组分分压,Pa;H 为流体比焓,J/kg;μ 为流体动力黏度,$Pa·s$;T 为温度,K;λ 为流体导热系数,$W/(m·k)$;Y_f 为组分 f 质量分数;D 为组分 f 扩散系数;R_f 为单位容积内组分 f 的产生率,$kg/(s·m^3)$;S_p 为源项,$kg/(s·m^3)$;S_N 为源项,N/m^3;S_H 为源项,$J/(s·m^3)$;S_Y 为源项,$kg/(s·m^3)$。

有机质气化过程采用组分输运模型,化学反应采用体积反应和颗粒反应;反应速率模型采用涡耗散模型(EDC)。湍流模型选用标准的 $k-\varepsilon$ 模型,其计算的收敛性和精确性都非常符合工程计算要求;模拟中采用重力模型,设置 $Z=-9.8\ m^2/s$。

辐射模型包含 Rossland 模型、P1 模型、Discrete Transfer(DTRM)模型、Surface to Surface(S2S)模型和 Discrete Ordinates(DO)模型。DO 模型不仅能考虑散射和气体与颗粒间辐射换热的影响,还能兼顾镜面发射或半透明介质以及非灰体辐射和局部热源的影响。本次模拟主要是对有机质水蒸气气化过程进行探究分析,因此基于以上条件选择包含辐射影响因素多且精度较高的 DO 辐射模型。

有机质气化反应大致包含几个方面:①有机质热解和挥发分的析出;②气体均相反应;③气固非均相反应。对于气体均相反应可以认为由反应动力学因素控制。本书模型中有机质水蒸气气化过程主要涉及的颗粒化学反应如公式(2-10)~式(2-12),化学反应动力学参数如表 2.8 所示。

$$C+O_2 \longrightarrow CO_2 \tag{2-10}$$
$$C+CO_2 \longrightarrow 2CO \tag{2-11}$$
$$C+H_2O \longrightarrow H_2+CO \tag{2-12}$$

M. Rehm、周进和 M. Mansha 等均采用 GRI 3.0 详细化学反应机理模型进行模拟研究,取得了较为合理的研究结果。

表 2.8　化学反应动力学参数

化学反应	活化能 $E/(J/mol)$	指前因子 $A/(m/s)$
$C+O_2 \longrightarrow CO_2$	97 400	4.80×10^3
$C+CO_2 \longrightarrow 2CO$	245 000	1.18×10^7
$C+H_2O \longrightarrow H_2+CO$	232 000	1.05×10^7

第三节　污泥与生物质热解气化流化试验与模拟研究

污泥与生物质耦合气化技术作为一种先进的有机质热化学转化技术,是有机质利用过程中热效率较高的过程,该技术可以将低品位的固态有机物转化为高品位的能量密度高且具有商业价值的可燃气体。许多研究人员在该领域进行了不同气化技术的研究,其中,流化床热解气化技术由于其产气稳定及连续性好的特点在近年来成为研究的热点。目前,国内外专家学者对热解气化技术主要研究不同气化剂气化时燃气的产率、成分和热值等方面的变化规律。徐珊、陈红伟、Wen C Y 等通过试验研究和理论计算研究了不同工况下流化床的临界流化风速的变化规律,但试验研究和理论计算只能对临界流化风速的变化规律进行分析,很难直观地显示床层物料的流化状态。但是,对同一种气化剂气化的前提条件下,反应器内物料层内气体分布及其流动行为是影响流化床流态化的重要因素,同时对于反应器内的化学反应、热传递和质量传递具有重要作用。若反应器物料层内的气体分布不均,会造成物料在床层内分布不均,形成物料的局部集聚,使产气量减少,而部分区域物料松散会形成局部富氧,造成物料的强烈燃烧,温度过高,使气化局部上移或烧结影响床层的整体流化;同时,影响气化炉的燃气产量和品质。因此,研究流化床内的流体流动行为对气化技术的发展及应用具有重要的意义。因此,拟通过自搭建的鼓泡流化床试验系统,采用试验和数值模拟的方法,以石英砂作为床层物料,研究流化床床层区域空间内气体流动特性、压力和流速分布等,分析流化区域内床层物料流化特性。

一、试验研究

1. 试验系统

自搭建的流化床冷态试验装置如图 2.14 所示,系统主要由主体反应器、进风装置、布风板和测压装置等组成。其中,反应器是由直径 300 mm、高 1 000 mm 的有机玻璃管制成的,布风板的开孔分布采用圆形排列,布风板孔径为 6 mm,布风板下方设有空气预分布器,使气体的压力均匀稳定,从而减少布风板在均匀分布气体方面的负荷,在流化床的气体出口处设置滤网,以阻碍因流速过大而飞离出流化床的固体颗粒。流化所用的载气由离心风机提供,流化载气的表观速度由玻璃转子流量计测得,流化床层的压力降由两端分别连接于气体分布板下方和流化床上端的 U 形压差计测得。

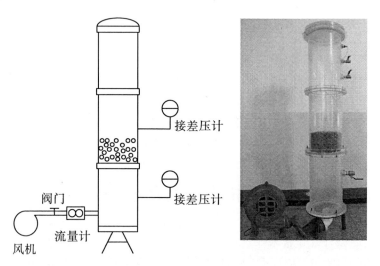

图 2.14　试验系统

2. 试验方法与步骤

试验采用增速法,对物料体系进行流化试验。

（1）将干燥后石英砂充分加入流化床中。

（2）打开鼓风机，使空气进入流化床底部，并通过调节进风阀门逐渐加大风量使床层物料处于流化状态。

（3）在每个流化气量下，通入空气使床层完全处于流化状态3 min，观察流化现象，并记录下床层压降、空气流量等试验数据。

3. 物料特性

试验所采用的石英砂在使用前先进行破碎处理并筛分，然后放入105 ℃的烘箱中干燥处理24 h后备用。物料的特性参数如表2.9所示。

表2.9　物料特性参数

石英砂粒径/mm	0.56	0.35	0.18
石英砂密度/(kg/m³)	1 409	1 350	1 338

4. 试验结果分析

流化床流化过程中，床料的颗粒直径对流化风速和流化状态有比较重要的影响，尤其是临界流化风速，其对不同分区内物料流态的变化起决定性作用，最终也将影响整个系统的稳定运行。鉴于此，本研究对不同粒径区间物料颗粒的流化特性进行了测试分析，对表2.9中各粒径颗粒物料的临界流化风速进行测定，结合布风板阻力与风量曲线，将每一风量下的风室静压减去对应的布风板阻力，绘出床层压降和表观风速的关系曲线，如图2.15所示。从图2.15中可以看出，对于三种粒径区间物料，其床层压降随着风速增加呈现先增加后稳定的变化趋势，当气流速度逐渐增大时，一部分颗粒开始流化，当气流速度达到某一数值时，床层压降维持一定值，这个定压降对应的最小气流速度即为临界流化速度。当气流速度超过拐点时的起始流化速度，床层开始沸腾，而起始流化速度对应的送风量就是最小的临界送风量。试验数据表明，试验所用的三种粒径的颗粒，其临界流化风速分别为0.017 m/s、0.065 m/s和0.17 m/s；粒径越小达到流化状态所需的流化风速也越小。

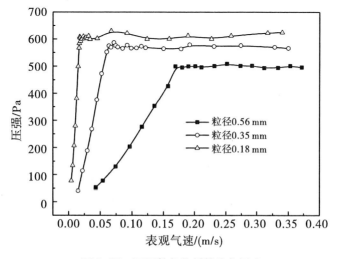

图2.15　不同粒径物料的流化风速

其主要原因:当临界流化发生时,颗粒所受流体曳力、重力、浮力三者处于力的平衡状态,而当颗粒物料的温度和密度一定时,其重力和浮力一定,而曳力则随着粒径的增加而增大,因此,达到平衡状态时的流化风速也随之变大,该试验结果和 Wen&Yu 公式理论计算的结果一致。

二、数值模拟研究

流化床的临界风速只能表明床层物料在该风速下处于流化状态,但物料层流化状态的优劣很难用流化风速来衡量和辨别,而其流化状态的优劣又对流化床运行稳定性起着至关重要的作用,因此,进一步对流化床的流化特性进行了数值模拟研究。

(一)计算模型

1. 流体相的流动控制方程

主要包括连续性方程和动量方程。

$$\frac{\partial \rho}{\partial t} + \nabla \cdot (\rho \boldsymbol{v}) = 0 \tag{2-13}$$

$$\frac{\partial \rho}{\partial t}(\rho \boldsymbol{v}) + \nabla \cdot (\rho \boldsymbol{v} \boldsymbol{v}) = -\nabla p + \nabla \cdot (\tau_{ij}) + \rho \boldsymbol{g} + \boldsymbol{F} \tag{2-14}$$

式(2-14)中,$\boldsymbol{F}$ 为颗粒与流体的相互作用力,流体相通过这一作用力与颗粒相进行耦合。τ_{ij} 为黏性应力张量。根据斯托克斯假设建立的流体本构关系,黏性应力张量可以表示为

$$\tau_{ij} = \mu \left(\frac{\partial v_i}{\partial x_j} + \frac{\partial v_j}{\partial x_i} \right) - \frac{2}{3} \frac{\partial v_i}{\partial x_i} \delta_{ij} \tag{2-15}$$

根据鼓泡床中颗粒相的密相流动特征,流动雷诺数的计算特征长度取颗粒的粒径,其雷诺数一般在 1 000 以内,气相流动状态通常为层流。因此模型计算中基于层流流动,直接求解以上的流动控制方程即可。

2. 固体相计算模型

固体相计算过程中通常采用传统的 DPM 模型,该模型使用牛顿第二定律建立流动颗粒的运动微分方程,如式(2-16)所示。

$$m \frac{\mathrm{d}\boldsymbol{v}}{\mathrm{d}t} = \boldsymbol{F}_{\mathrm{drag}} + \boldsymbol{F}_{\mathrm{pressure}} + \boldsymbol{F}_{\mathrm{gravitation}} + \boldsymbol{F}_{\mathrm{other}} \tag{2-16}$$

$$\frac{\mathrm{d}x}{\mathrm{d}t} = \boldsymbol{v}$$

式中,$\boldsymbol{F}_{\mathrm{drag}}$ 是颗粒所受流体曳力,$\boldsymbol{F}_{\mathrm{pressure}}$ 是压力,$\boldsymbol{F}_{\mathrm{gravitation}}$ 是重力,$\boldsymbol{F}_{\mathrm{other}}$ 是其他形式的力。

固体相在计算过程中牵涉到颗粒之间的碰撞问题,对固体相之间碰撞的计算,本研究采用 DEM(Discrete element method)模型,该模型是在 DPM 模型的基础上考虑颗粒之间的碰撞。碰撞产生的力,以其他力的形式附加到颗粒运动的常微分控制方程中。颗粒碰撞的力主要由颗粒的变形产生,颗粒的变形主要通过颗粒运动中重叠部分来确定。颗粒碰撞的理想模型如图 2.16 所示。

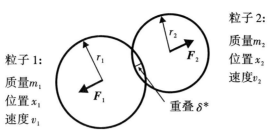

图2.16 颗粒碰撞的几何模型

使用弹簧阻尼碰撞模型计算颗粒碰撞产生的法向力。主要涉及的物理量计算方法如下：

$$v_{12} = v_2 - v_1 \tag{2-17}$$

$$\delta = \| x_2 - x_1 \| - (r_1 + r_2) \tag{2-18}$$

$$F_1 = [K\delta + \gamma(v_{12} \cdot e_{12})]e_{12} \tag{2-19}$$

式(2-19)中，γ 是阻尼系数，δ 是重叠距离，K 是弹性系数。

颗粒碰撞的切向作用力的计算基于摩擦碰撞定律，即切向力按照摩擦力的方式进行计算，计算公式如式(2-20)所示。

$$F_{\text{friction}} = \mu F_{\text{normal}} \tag{2-20}$$

其中，μ 是摩擦系数，F_{normal} 是前文所述的法向力。

3. 物理模型

计算的几何模型和网格模型如图2.17所示。几何模型为一个底面直径为300 mm的圆柱，圆柱高1 000 mm。计算模型网格划分全部采用结构化六面体网格，总网格数量为164万。下底面为流体相气流入口，上底面为流体相压力出口。

数值模拟使用通用商业CFD软件ANSYS Fluent 18.0。两相的计算中，流体相使用层流流动模型，颗粒相使用DPM模型(颗粒碰撞作用使用DEM模型)。模拟计算的初始时刻在圆柱形鼓泡床内注入65 512颗固体颗粒，固体颗粒在鼓泡床床层的0~300 mm高度内随机分布，颗粒分布如图2.17所示。流动计算的时间步长为0.001 s，颗粒计算的时间步长为0.000 2 s，共计算3 s。

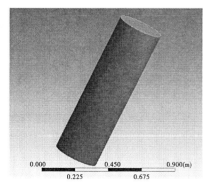

图2.17 计算模型与网格划分

(二)模型验证

为了进一步验证本研究数值计算模型的正确性,主要对临界流化风速的计算结果与试验结果进行比较,如表2.10所示。

从表2.10中可以看出,数值模拟结果显示临界流化风速随物料粒径的增大而增加,这一变化趋势和试验结果完全一致。另外,从具体数值来看,三种粒径的物料临界风速的数值计算结果为0.21 m/s、0.080 m/s和0.021 m/s,对应粒径物料流化风速的试验结果分别为0.017 m/s、0.065 m/s和0.17 m/s;数值计算结果与试验结果相比,对应的计算误差分别为23.5%、23.1%和22.6%。该计算结果可以认为本研究所采用的计算模型和计算方法比较可靠。

表2.10 试验临界流化速度与模拟临界流化速度比较

石英砂粒径/mm	0.56	0.35	0.18
试验临界流化速度/(m/s)	0.170	0.065	0.017
模拟临界流化速度/(m/s)	0.210	0.080	0.021
相对误差/%	23.5	23.1	22.6

第四节 计算结果与分析

一、固定床状态计算结果与分析

固定床状态是气流速度低于临界流化速度时表现的气固两相状态。图2.18为颗粒直径为0.56 mm的石英砂在入口气流速度为0.1 m/s时的计算结果。从数值模拟的结果可以看出,经过一段时间,漂浮在上层的固体颗粒越来越少,初始随机分布的固体颗粒逐步堆积到床层底部,最终所有颗粒呈现固定状态。固体颗粒堆积固定在床层底部,而气流从固定的颗粒间隙中流出,这是典型的固定床特征。在入口气流速度达到0.17 m/s的临界流化速度前,床内气固两相将一直维持这种固定床状态。固定床状态下,随着入口气速的逐步增大,床内的压降也会逐步提高,床内压降和入口气流速度之间满足Ergun公式。

图 2.18　固定床颗粒分布随时间的变化

二、流化床状态计算结果与分析

1. 中部截面颗粒分布随时间的变化

当入口气流速度大于 0.17 m/s 时,固体颗粒无法在床内维持静止,固定床状态将被破坏,床内两相的状态将从固定床过渡到流化床。取一个典型流化态工况计算结果进行分析,此时床内颗粒为 0.56 mm 的石英砂,入口气流速度为 1 m/s,此入口气流速度远大于临界流化速度 0.17 m/s。

图 2.19 所示为从 0 ~ 3 s 各个时刻床内中间断面上固相颗粒分布情况(时间间隔为 1 s)。鼓泡床内的流态化过程大致分为三个阶段:初始的流态化阶段(此时仅在床层上表面有流化状态)、过渡流化阶段(气泡床内随机生成)以及稳定的流化阶段(此时床内的气泡产生和消亡呈现一定的周期性)。数值模拟的结果可以大致复现这一过程,如图 2.19 所示,初始阶段,床层中部固相浓度高,这表明颗粒相对集中于床层中部,流态化的颗粒主要是表层的颗粒;随着流态化的发展,中部固相浓度高的区域开始缩小,表明床层中部的固相颗粒也开始流态化,而流态化导致的固相浓度分布具有一定的随机性,床层中固相浓度最高的区域从床层中部发展到两侧,且不断地变化,这正是稳定流化状态下床内气泡周期性消亡和产生

继而引起的局部固相浓度周期性变化。

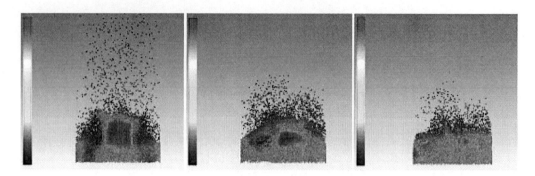

图2.19 中部截面颗粒分布随时间的变化

2. 流化过程的压降变化

图2.20所示为典型流化态工况（床内颗粒为0.56 mm的石英砂，入口气流速度为1 m/s）计算过程的床内压降。从压降的计算结果可以看出，在初始的流态化阶段压降波动较大，这是由于初始阶段床层中的多数固体颗粒尚未完全流态化，部分颗粒开始流化后，颗粒流化首先需要将颗粒从中部密相床层中解析出来，再克服重力和阻力赋予流化颗粒一定的动能，所以床内压降急剧提高，当多数固体颗粒不再集中于中部床层后，床内压降则会急剧降低。当床内处于过渡流化阶段时，其压降

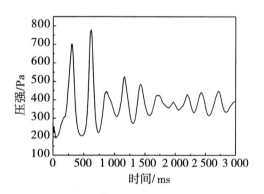

图2.20 中部截面颗粒分布随时间的变化

的急剧变化变得比较缓慢，因为此时在床内已经不存在大范围的密相区域。最后床内两相过渡到稳定的流化阶段，且流化状态具有一定的周期性，此时压降上下波动的范围变化较小，并最终趋于稳定。

三、研究结论

（1）搭建了污泥与生物质混合流化床冷态试验台，对石英砂在不同粒径下的临界流化速度进行了测试。同时，将数值模拟计算的结果与试验结果相比平均误差约为20%，表明数值计算模型及计算方法是可靠的。

（2）基于DPM模型对鼓泡床内颗粒流化过程进行计算，使用DEM模型计算颗粒的碰撞作用，计算得到了临界流化风速、床内气固分布状态和压力分布等参数，临界流速的计算结果和试验结果误差约为20%，这说明本研究所采用的计算模型对于鼓泡状的两相流动状态有很好的预测效果，这对于分析鼓泡床内的流动状态具有一定的意义。

第五节　污泥与生物质催化裂解试验研究

一、催化裂解原理和工艺条件

1. 催化裂解原理

污泥与生物质耦合高温裂解需要较高的温度,所以实现较为困难。催化裂解利用催化剂的作用,把焦油裂解温度大大降低,并提高裂解的效率,使焦油在很短时间内裂解率达到99%以上。焦油的成分影响裂解的转化过程,但不管何种成分,裂解的最终产物与气体的成分相似,所以焦油裂解对气化气体质量没有明显影响,只是数量有所增加。对大部分焦油成分来说,水蒸气在裂解过程中有关键作用,因为它能和某些焦油成分发生反应,生成 CO 和 H_2 等气体,既能减少炭黑的产生,又能提高可燃气的产量,例如,萘在催化裂解时,发生下述反应:

$$C_{10}H_8 + 10\,H_2O \longrightarrow 10CO + 14H_2$$

$$C_{10}H_8 + 20\,H_2O \longrightarrow 10CO_2 + 24H_2$$

$$C_{10}H_8 + 10\,H_2O \longrightarrow 2CO + 4CO_2 + 6H_2 + 4CH_4$$

污泥和生物质中的焦油裂解原理与石油的催化裂解相似,所以关于催化剂的选用可以从石油工业中得到启发。除利用石油工业的催化剂外,还大量研究了低成本材料,如石灰石、石英砂和白云石等天然产物。研究表明(表2.11),催化焦油效果较好又有应用前景的材料主要有木炭、白云石和镍基催化剂三种。

表2.11　典型催化剂裂解反应关键参数

名称	反应温度/℃	接触时间/s	转化率/%	特点
镍基催化剂	750	约1.0	97.0	反应温度低,转化效果好;材料较贵,成本较高
木炭	800 900	约0.5 约0.5	91.0 99.5	木炭为气化自身产物,成本低;随着反应的进行,木炭本身减少
白云石	800 900	约0.5 约0.5	95.0 99.8	转换效率高,材料分布广,成本低

注:白云石的主要成分是碳酸钙和碳酸镁,地方不同组成成分略有差异。

从表2.11可知,镍基催化剂的效果最好,在750 ℃时即有很高的裂解率。但由于镍基催化剂比较昂贵,成本较高,一般在气体需要精制或合成汽油的工艺中使用。木炭的催化作用实际上在下吸式气化炉中即有明显的效果,由于木炭在裂解焦油的同时参与反应,消耗很大,因此对大型生物质气化来说木炭作催化剂不现实。但木炭的催化作用对气化炉的设计有一定的指导意义。

国内外催化裂解的研究主要集中于白云石和镍基催化剂。研究表明,镍基催化剂的活性是白云石的 10~20 倍。但它对原始气的要求比较严格,焦油量在 2 g/m³ 以上,就会由于焦炭形成积聚而失活,加之其价格较高,在商业应用中没有优势。白云石资源丰富且便宜,但单独使用白云石的催化效果并不理想,需针对不同的气化特点,配合相应的裂解工艺,控制严格的操作参数。目前,我国在该领域的研究非常欠缺。所以,净化系统的选用,应从现有技术的成熟性、系统的复杂性及投资成本考虑。

2. 焦油催化裂解的工艺条件

焦油催化裂解除要求合适的催化剂外,还必须有严格的工艺条件。与其他催化过程一样,影响催化效果最重要的因素有温度和接触时间,所以其工艺条件也是根据这一方面的要求来确定的。

3. 实现催化裂解的关键工艺

对理想的白云石催化剂,裂解焦油的首要条件是足够高的温度(800 ℃以上),这一温度与流化床气化炉的运行温度相似。试验表明:把白云石直接加入流化床气化炉对焦油具有一定的控制效果,但不能完全解决问题,这主要是由于气化炉中焦油与催化剂的接触并不充分。因为焦油的产生主要在加料口位置,但即使循环流化床,加料口以上的催化剂数量也不可能很多。所以,气化和焦油裂解一般要求在两个分开的反应炉中进行,这就使实际应用出现下列难题:

(1)气化炉出口气体的温度已经降低到 600 ℃左右,为了使裂解炉的温度维持在 800 ℃以上,必须外加热源或使燃气部分燃烧(一般燃烧份额在 5%~10%),这就使气化气体质量变差,而且显热损失增加。

(2)不管热裂解炉采用固定床还是流化床,气化气中的灰分、炭粒都有可能引起炉口堵塞。所以裂解炉和气化炉之间需增加气固分离口装置,但不能使气体温度下降太多,这就要求系统更加复杂。

(3)由于焦油裂解需独立的装置,而且由于需要高温,裂解装置要连续运行。这就使催化裂解技术只适于较大型的气化系统,限制了该技术的适应性。所以应用焦油催化裂解的关键,就是针对不同的气化特点,设计不同的裂解炉从而降低裂解炉的能耗,提高系统效率。

对焦油裂解的重点是其实际应用。由于催化裂解需要专门的设备、系统复杂、运行成本较高,小型气化系统很难使用;而生产实践中大中型气化系统仍较少。所以目前实际上焦油催化裂解炉应用极少,只有少数的示范项目和中试装置。

对于大中型气化系统,气化炉和裂解炉一般都采用循环流化床。由于裂解炉采用流化床反应器,白云石的磨损严重,所以需连续补充白云石的装置和复杂的除尘系统。这种工艺路线的特点是适于大规模气化利用,焦油裂解效率高,其缺点是系统复杂,出口燃气温度高。对中小型的气化装置,可采用结构简单的固定床裂解气。为了解决裂解气出口燃气温度太高的难题,荷兰 Twente 大学提出了一种燃气可以双向流动的裂解工艺,称反吹反应器。它的基本原理是裂解气的流向每隔一段时间切换一次,一方面利用裂解气本身的蓄热特点把燃气加热;另一方面裂解后的气体经过一段温度较低的区域,使出口气体温度降低,这样减少热损失,提高裂解气的热效率。这一工艺流程的优点是系统更简单,裂解气可以在较高温度下工作(1 000 ℃),而不必消耗很多热量(它消耗的能量约为其他裂解气的1/4),它的缺点是需要精密的切换阀,这对阀门的耐热性和耐磨性要求都很高。

二、试验目的

生物质能源的利用方式主要包括热解制取液体燃料、气化制取燃气和燃烧产热/发电。在生物质发电技术中,生物质循环流化床气化被认为是最具开发前景的生物质发电技术之一。然而,稻壳、小麦、玉米等生物质在循环流化床中单独气化时,由于其木质纤维素较多,易形成大量焦油,如果不采取有效措施,在生物质气化炉启动及停炉时,气化产生的焦油容易在管道内壁上与灰结合,形成黏性的固态物质,将严重影响相关管道、阀门、计量设备及风机系统的正常运行。因此,选择合适的气化催化剂,从而在气化炉内催化裂解生成焦油,是保证生物质气化发电装备安全稳定运行的重要前提,也是提高生物质气化率及气体热值的有效途径。鉴于此,许多国内外学者先后展开了这方面的研究。杨国来、陈汉平等试验研究了不同催化剂对木屑、花生壳、稻草三种生物质催化裂解焦油特性,研究结果表明添加白云石、橄榄石等催化剂可降低气化炉出口焦油量50%以上。赵志铎研究了催化剂尺寸和催化裂解温度对焦油催化裂解效果的影响,结果表明催化剂尺寸越小或催化裂解温度越高,焦油的催化裂解率越高,其产气率亦越高。汪大千等研究了 Ni/C 催化剂对生物质气化制氢的影响,结果发现不同生物炭负载镍对气化制氢均有较好的催化作用。Chen G. 等研究了气化谷壳和木屑时挥发分的停留时间对气体产量的影响,停留时间长有利于提高气体产量,这可以认为是热解产生的一次焦油发生二次裂解生成气体的缘故。然而上述研究大多集中于实验室条件下的小型气化炉催化气化过程,利用现场大型生物质气化炉作为催化载体的相关研究仍然较少,在实际应用中对不同催化剂、不同生物质的催化规律尚不清楚,更难以直接应用于实际生产工艺中。因此研究工业级循环流化床生物质催化气化意义重大。本研究基于现场 1.5 MW 级生物质循环流化床气化炉,对不同催化剂、不同生物质催化气化过程中的气体组分、气体热值及产气率等特性进行深入研究。

三、试验系统及原料

(一)试验平台

试验是基于 1.5 MW 循环流化床生物质气化成套装备完成的,其核心设备气化炉的产气率为 4 500 m^3/h,高 9.5 m,内径 1.8 m。该装备生产流程示意图和现场图分别如图 2.21 (a)(b)所示。其工作流程为:生物质经破碎后经皮带输送机送到气化炉炉前料仓,通过螺旋输送机将生物质送入气化炉,气化用空气由鼓风机从底部经过布风板送入气化炉,气化炉产生约 750 ℃的燃气经过两级旋风分离器,第一级旋风除尘器分离下来的飞灰经回料器送回气化炉下部进行再循环,第二级旋风除尘器分离出粒径更小的飞灰则直接送入输灰系统中;整个系统处于微负压运行,下游由罗茨风机进行引风送至发电设备。

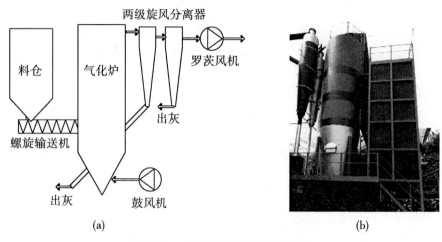

(a)

(b)

图 2.21 试验系统示意图及现场图

(二)试验原料

试验原料包括生物质原料和催化剂两部分。其中,生物质原料选择有代表性的两种:木屑和稻壳。分别采用 TGA-2000 工业分析仪和 Vario EL 元素分析仪测得的原料工业分析和元素分析结果如表 2.12 所示。

表 2.12 生物质原料的工业分析和元素分析结果 (%)

生物质原料	工业分析				元素分析				
	V_{ad}	M_{ad}	A_{ad}	FC_{ad}	C_{ad}	H_{ad}	O_{ad}	N_{ad}	S_{ad}
木屑	73.26	6.23	3.56	16.95	45.82	6.79	37.85	0.27	0.08
稻壳	62.45	7.30	12.53	17.72	49.29	6.74	42.28	0.53	0.16

为了确定试验气化温度,避免生物质在气化炉实际运行中产生灰渣熔融结渣,有必要对生物质进行灰熔点测试。本试验采用 HRD-600 型微机灰熔点测定仪(见图 2.22),其测试温度范围为 0~1 600 ℃,记录不同生物质灰样变形温度、软化温度及流动温度,测试结果如表 2.13 所示。由表 2.13 结果可以看出,木屑和稻壳的灰熔点较低,考虑实际运行温度控制及生物质在气化炉反应过程中的温度不均匀性,本试验选定三种气化温度,分别为 700 ℃、750 ℃及 800 ℃。

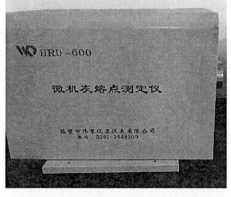

图 2.22 HRD-600 型微机灰熔点测定仪

表2.13 生物质的灰熔点值　　　　　　　　　　（℃）

灰样	T_{DT}	T_{ST}	T_{FT}
木屑灰	1 154	1 208	1 245
稻壳灰	>1 600	>1 600	>1 600

　　本试验气化炉催化剂参考杨国来、陈汉平等研究结果,选择三种市场价格较为廉价的矿物原料,即白云石、菱镁矿和橄榄石。考虑到既要保证较大的比表面积,又不至于被气体携带出气化炉,催化剂颗粒最大尺寸选择为10 mm左右,通过与生物质原料提前掺混的方式直接用螺旋输送机送至气化炉参与气化反应。

四、试验结果与讨论

1. 催化剂对气体组分的影响

　　图2.23(a)(b)分别表示当量比 ER(equivalence ratio)为0.2条件下选择三种不同催化剂对木屑和稻壳气化气体组分的影响。其中,当量比是指供给气化炉的空气量与生物质完全燃烧所需空气量的比值。从图2.23中可以看出,对于同一种生物质(无论是木屑还是稻壳),采用橄榄石作为催化剂时,其气化气体中可燃成分(主要是 H_2、CO 和 CH_4)的含量更高,说明橄榄石具有更好的催化裂解焦油的能力,其催化效果好于白云石和菱镁矿,再加上橄榄石的高温抗磨性能较好,在工程应用中更受青睐。此外,结合图2.23还可以看出,与稻壳相比,木屑气化产出生物质气体中的可燃成分比重高于稻壳,这与木屑中挥发分含量和热值较高是一致的。

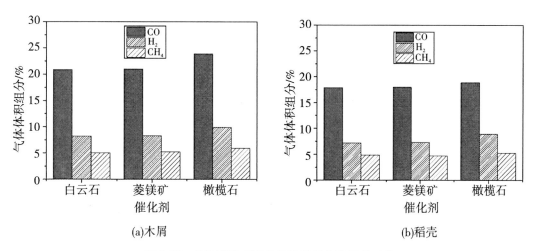

图2.23 不同催化剂条件下生物质气体组分对比

2. 催化剂对气体热值的影响

　　生物质气体热值是指标准状态下单位体积气化气体的低位发热量,其计算公式为

$$Q_v = 126.3 \times CO + 108 \times H_2 + 358.3 \times CH_4 + 630 \times C_2H_m + 870 \times C_3H_n$$

其中的 CO、H_2、CH_4 等表示各气体成分的体积百分数。

图2.24(a)(b)分别表示在当量比、催化剂对木屑和稻壳气化气体热值的影响。可以观察到的是,随着当量比的增加(从0.10增加至0.30),气体热值都有所下降,其原因是当量比增大导致了空气中的氮气更多地进入气化炉,这就稀释了气化气的体积浓度,从而使得气体热值明显下降。另外,在当量比为0.1和0.2条件下,采用橄榄石作为催化剂产出的气化气热值较高,说明在低当量比时橄榄石具有较好的催化效果,但是当量比较高(ER=0.3)时,橄榄石催化得到的气体热值下降更为明显,由此看出,选择合适的当量比和催化剂同等重要。

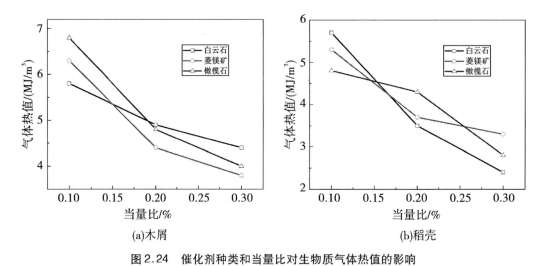

(a)木屑　　　　　　　　　　　　　　(b)稻壳

图2.24　催化剂种类和当量比对生物质气体热值的影响

3. 气化温度和当量比对气体产率的影响

反应温度是生物质气化过程中最重要的影响因素,图2.25表示木屑、稻壳这两种生物质气化过程中温度对气体产率的影响,气体产率是单位质量的生物质原料气化后所产生气体燃料在标准状态下的体积。可以看出,温度从700 ℃上升至750 ℃时,生物质气化和焦油裂解反应加剧,H_2、CO和低碳烃的总含量增加,N_2体积分数下降,必然使气体产率上升;当温度升高至800 ℃时,气体产率开始下降,说明随着温度的进一步上升,催化气化效果有所降低,三种催化剂的最佳催化反应温度为750 ℃左右。从图2.25还可以看出,ER=0.2时的气体产率明显比ER=0.1高,更多的空气进入气化炉参与反应,产品气体积有所增加,但是会影响气体的热值。

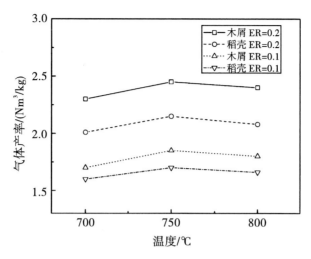

图2.25　气化温度和当量比对气体产率的影响

五、试验结论

（1）对于同一种生物质，采用橄榄石作为催化剂时，其气化气体中可燃成分的含量更高，橄榄石催化效果好于白云石和菱镁矿，而与稻壳相比，木屑气化产出生物质气体中的可燃成分比重高于稻壳。

（2）随着当量比的增加，气体热值都有所下降，其原因是当量比增大导致了空气中的氮气更多地进入气化炉，稀释了气化气的体积浓度，从而使得气体热值明显下降。当量比 ER 为 0.1 和 0.2 条件下，采用橄榄石作为催化剂可以得到热值较高的生物质气。

（3）三种催化剂的最佳催化反应温度为 750 ℃左右，ER=0.2 时的气体产率明显比ER=0.1高，说明更多的空气进入气化炉参与反应，产品气体积有所增加，但是会影响气体的热值。

▲ 本章小结 ▲

本章首先总结分析了污泥与生物质热解气化机理，建立了污泥热解、气化反应模型，比较分析了热解气化工艺及设备特点，并提出将热解气热值用于污泥的烘干预处理，可有效降低污泥处理运行成本，进而实现污泥与生物质二者的高效耦合资源化利用。其次，针对热解气化炉内部流场进行了试验与模拟研究，所采用的计算模型对于气化炉内部两相流动状态有较好预测效果，这对于分析热解气化炉内部流动状态具有重要意义。最后，对污泥与生物质催化裂解过程进行了试验研究，采用高效低成本催化剂可以将焦油裂解温度大大降低，提高了裂解效率，焦油在较短时间内裂解率达到99%以上。上述有机质热解气化基础研究为污泥与生物质高效耦合热解气化装备设计提供了必要的理论基础和设计依据。

第三章 技术路线与系统参数设计

针对当前市政污泥进行无害化、减量化、能源化、资源化处理的技术需求,创新性地提出将污泥与生物质高效耦合高值化利用,通过生物质和污泥耦合气化机理及试验、污泥与生物质混合燃料制备技术、气化灰渣碳硅分离、活性炭制备等关键技术及成套装备的研究,提出一种减量化明显、资源化效率高、环境效益好的市政污泥高值化处理技术路线。

第一节 技术路线及对比

一、技术路线

首先将污水处理厂的出厂污泥,采用添加机械压榨和生化方法将其含水率降低至约60%(工程设计按照60%含水率计算),然后送至中试基地的污泥原料仓,与生物质按照一定比例混合后压块、晾晒,实现深度脱水,再通过螺旋输送机送到面条机、网带式干化机进行热力干燥,将其含水率降低至15%~20%;之后送入污泥热解气化炉中进行气化。

热解气化炉采用下吸式固定床热解气化炉,可以保证污泥颗粒的热解气化系统的稳定性,并减少产气中的水蒸气、焦油量;之后将污泥热解气化产生的高温热解气,通过高温风机直接送入燃烧器产生高温烟气,以充分利用烟气的显热和化学能;烟气经蒸汽发生器加热水为蒸汽,蒸汽再经汽气换热器加热冷凝后的干化废气,以此进行热能回收,冷凝下的废水可排至污水处理厂;回收的热能用于污泥热力干燥,除湿、加热后的干化气体重新送回至网带式干化机进行循环干化;经蒸汽发生器热能回收后的烟气进行净化处理后排至大气;热解气化剩余炭灰先经碳硅分离,分选出富碳炭灰和富硅炭灰,富碳炭灰用于制备高附加值的活性炭,富硅炭灰制备成混凝土添加剂,即建材用轻质骨料。相关技术路线如图3.1所示。

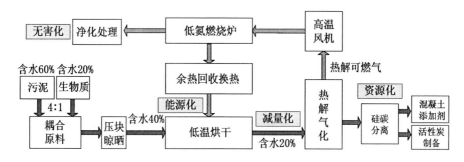

图 3.1　技术路线

二、与国内外技术对比

与国内外技术对比见表 3.1。

表 3.1　与国内外技术比较

核心技术	技术优势	国内外同类技术
污泥与生物质耦合燃料深度脱水技术	解决了污泥深度脱水、压块变形、热值低、含碳率低等难题	现有技术对于污泥深度脱水困难，烘干成本较高
污泥与生物质下吸式高效协同热解气化技术	提高热解气热值，其反应稳定性、气化效率、气体品质均优于市场同类产品	传统上吸式热解气水蒸气、焦油高，气体品质差
碳硅分离及低成本活性炭制备技术	碳硅分离提高富碳炭灰有机质和碳含量，为制备活性炭提供优质原料；活性炭制备采用热解气热能，降低生产成本	尚无同类技术

第二节　系统及热解气化工作原理

一、系统工作原理

系统工艺流程如图 3.2 所示。污水处理厂剩余污泥经深度脱水至 60%，送至中试基地污泥原料仓储运；然后经双螺旋混料机与生物质按照一定比例掺混，再经单螺旋输送机输送到污泥面条机，再进入到多层网带式烘干机，烘干后的污泥-生物质混合物料在干污泥料仓储存；再经螺旋输送机输送至热解气化炉进行热解气化，热解气经旋风分离器、高温风机送到燃烧炉进行燃烧，燃烧产生的热量经蒸汽发生器加热水为蒸汽，蒸汽经汽-气换热器对循环干化风进行加热，干化后的高湿度废气通过冷凝器进行除湿，少部分送入燃烧炉作为助燃气体，大部分经汽-气换热器被加热升温作为循环干化风重新送入网带式烘干机；活化机采用物理活化，热能来自一部分燃烧的高温烟气。具体工艺如下：

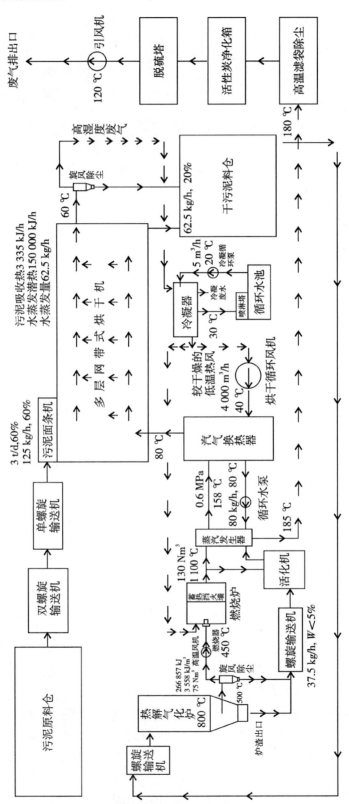

图 3.2 系统工艺流程

（1）干燥机。将含水率60%污泥与生物质混合后先进入压块机成型，深度脱水后再进入网带式干燥机，经烟气加热后的热空气自烘干机底部进入，向上流动，与网带上的污泥热交换并带走污泥中的水分，达到干燥污泥的目的。湿空气从顶部排出干燥机经旋风除尘、冷凝除湿等过程，最后在汽-气换热器中进行加热为80℃左右热空气再次进入烘干机。

（2）热解气化炉。烘干后的污泥-生物质混合燃料进入下吸式固定床热解气化炉进行热解气化，产生800℃左右的气化气，同时产出含碳量10%左右的炭灰。混合物料由上部加入，依靠重力逐渐由顶部移动到底部，炭灰由底部排出；空气作为气化剂在热解气化炉中部的氧化层加入，热解气由还原层下部析出。

（3）燃烧室。利用高温风机将气化气送入燃烧器直接燃烧，燃烧后产生的高温烟气经换热器与空气进行换热，可为网带式干燥机提供温度为150℃热空气，同时可供活化炉制备活性炭所需热量。

（4）碳硅分离装置。污泥经热解-气化后产生的炭灰进入缓冲仓（若出现烧结团聚现象，需要设计一段干式打碎工序），然后通过风机泵送或皮带提升机至降灰提质机进行干法物理分选。在干法物理分选过程中，主要是通过富碳成分和富硅成分在空气流场（或磁场）中因两者的密度（或磁性）不同（富碳成分密度小，富硅成分密度大）而实现分离富集，富集效率受来料性质影响较大，而实验室模拟炭化产生的物料其粒度、密度组成与实际工况有本质差异，设计的分选系统在主要结构确定的前提下，需要根据实际情况确定其分选路径。干法物理分选的目的主要是为后续富碳成分和富硅成分的分级资源化利用提供优质原料，富碳炭灰用于制备高附加值的活性炭，富硅炭灰制备成混凝土添加剂即建材用轻质骨料。

（5）活性炭制备装置。富碳成分作为活性炭的制备原料进入活化炉进行物理活化。活化工艺采用物理活化法（二氧化碳和水蒸气作为活化剂），活化温度800℃，活化时间2h，其中二氧化碳和水蒸气活化剂可以从污泥热解-气化阶段和干燥脱水阶段分别倒入活化炉中，活化所需热量由热解气燃烧后的高温烟气提供，以回收热量，节约生产成本。

二、热解气化工作原理

热解气化是指在缺氧的条件下发生热解气化化学反应，生成可燃气体和排出炭灰的过程。污泥-生物质由进料系统进入下吸式热解气化炉，在下吸式固定床热解气化炉内先后经历干燥层、热解层、氧化层、还原层。干燥层主要完成水分部分脱除；热解层主要完成挥发分的热分解，挥发性物质与碳的不完全燃烧和部分大分子挥发性物质的二次裂解；原料的干燥和热解产物全部通过氧化层参与二次反应，所产生的焦油经过高温氧化区，一部分参与氧化反应，一部分在高温作用下发生二次裂解，转化为小分子气态可燃物；二氧化碳和水蒸气在还原层与碳发生还原反应，最终得到含一氧化碳、氢气、甲烷、二氧化碳和氮气的混合气体，还原后的高温燃气直接排出炉外。

热解气化温度越高，中间产物的二次裂解反应越彻底，且产气速率随热解温度的升高显著增大；以制取热解油为目的的热解温度不超过500℃，而以制取热解气为目的的热解气化温度在800℃左右，800℃高温热解气中可燃性组分含量可达60%以上。本项目需要热解气燃烧用于污泥的热力干燥，因此主要以制取热解气为目的，热解气化中心温度控制在

750~850 ℃。由于热解气化温度高达850 ℃,未挥发的重金属被牢牢固化在流化的无机硅酸盐晶体结构中,酸碱条件下均不会溶出;而易挥发重金属 Zn 和 Pb 随可燃气燃烧、除尘后被固化在飞灰基质中。因此,污泥热解气化后剩余炭灰的重金属含量可以得到明显降低。

三、系统参数设计

系统主要参数见表3.2。

表3.2 系统主要参数

内容	数值	单位	备注
处理量			
干基污泥处理量	50.00	kg/h	日处理含水率0.60湿污泥3.0 t
烘干前污泥含水率	0.60	—	
烘干前湿污泥质量	125.00	kg/h	
烘干前水质量	75.00	kg/h	
烘干后污泥含水率	0.20	—	
烘干后湿污泥质量	62.50	kg/h	
水分蒸发量	62.50	kg/h	
气化热解炉			
气化热解产气率	1.50	$Nm^3/kg_{干基污泥}$	
气化热解气流量	75.00	Nm^3/h	
气化热解气温度	500.00	℃	
气化热解气热值	3 558.10	kJ/Nm^3	3 344~4 598 kJ/Nm^3,取 3 353 kJ/Nm^3
气化热解气热量	266 857.50	kJ/h	
燃烧炉			
空燃比	0.90	m^3/m^3	
燃烧所需实际空气流量	67.50	Nm^3/h	
燃烧产生实际烟气流量	129.58	Nm^3/h	
燃烧烟气温度	1 100.00	℃	
理论烟气熵值	1 665.00	kJ/Nm^3	
实际烟气熵值	1 824.49	kJ/Nm^3	过剩空气系数 $\alpha=1.1$,空气熵值 1 594.89 kJ/Nm^3
燃烧烟气热量	236 412.72	kJ/h	

续表3.2

内容	数值	单位	备注
蒸汽发生器			
排烟温度	185.00	℃	
排烟焓值	253.00	kJ/Nm³	
蒸汽压力	0.60	MPa	
蒸汽温度	158.00	℃	
蒸汽焓值	2 756.00	kJ/kg	
回水温度	80.00	℃	
回水焓值	335.00	kJ/kg	
换热效率	0.95	—	
蒸发量	79.90	kg/h	
汽-气换热器			
烘干前空气温度	80.00	℃	
冷凝后空气温度	40.00	℃	
冷凝后空气焓值	167.88	kJ/kg	饱和湿空气
冷凝后含湿量	49.52	g/kg	
烘干前空气焓值	211.88	kJ/kg	
换热效率	0.95	—	
循环空气质量	4 177.21	kg/h	
空气密度	1.29	kg/Nm³	
循环空气流量	3 238.14	Nm³/h	
烘干机			
污泥温度	20.00	℃	
污泥初始比焓	57.12	kJ/kg	
污泥出口温度	50.00	℃	给定
污泥出口比焓	83.80	kJ/kg	
水分蒸发点温度	54.79	℃	假设烘干空气平均参数70 ℃,50%
水分蒸发潜热	2 400.00	kJ/kg	
水分蒸发需热量	150 000.00	kJ/h	
总需热量	148 097.50	kJ/h	
烘干机热利用系数	0.90	—	假设
烘干所需热能	164 552.78	kJ/h	

续表 3.2

内容	数值	单位	备注
热平衡校核			
气化热解气热量	266 857.50	kJ/h	
燃烧烟气热量	236 412.72	kJ/h	
烟气可利用热量	203 629.62	kJ/h	
热能利用总效率	0.81	—	
可利用热能	165 398.16	kJ/h	
热能裕量系数	1.1	—	

四、热平衡计算

1. 热平衡计算基本条件

根据项目参数条件,本部分热平衡计算按原泥处理量为 50 $kg_{干基污泥}$/h、含水量为 60% 为基准。具体基础数据如表 3.3 所示。

表 3.3 热平衡计算基础条件

名称	符号	公式	数值	单位	备注
干基污泥处理量	m_d	—	50	kg/h	日处理量 3.0 t
原泥含水率	γ_{w1}	—	0.6	—	
烘干前污泥质量	m_{s1}	$m_d/(1-\gamma_{w1})$	125	kg/h	
烘干后污泥含水率	γ_{w2}	—	0.2	—	
烘干后污泥质量	m_{s2}	$m_d/(1-\gamma_{w2})$	62.5	kg/h	
水分蒸发量	m_w	$m_{s1}-m_w$	62.5	kg/h	

2. 热解炉热平衡计算

气化热解过程的热平衡按每千克干基污泥产 1.50 Nm^3 燃气计算,热解气化炉中的平均温度为 800 ℃,热解炉出口(旋风分离器进口)热解气的温度为 500 ℃,热值为 3 558.10 kJ/Nm^3。具体参数见表 3.4。

表 3.4　气化热解炉热平衡计算条件

名称	符号	公式	数值	单位	备注
气化热解产气率	τ	—	1.5	$Nm^3/kg_{干基污泥}$	
气化热解气流量	q_g	$m_d \times \tau$	75.00	Nm^3/h	
气化热解气温度	T_g		500.00	℃	
气化热解气热值	λ	—	3 558.00	kJ/Nm^3	3 344～4 598 kJ/Nm^3，取 3 553 kJ/Nm^3
气化热解气热量	Q_g	$q_g \times \lambda$	266 857.50	kJ/h	

3. 燃烧炉热平衡计算

热解气从旋风除尘器排出，经高温风机进入燃烧炉燃烧，高温风机出口（即燃烧器入口）热解气温度为 450 ℃，燃烧器出口高温烟气温度为 1 100 ℃。

热解气的主要成分为氮气、二氧化碳、氢气、一氧化碳、甲烷等。表 3.5 给出 3 种不同的生物质热解气的主要成分及对应的热值。

表 3.5　3 种不同的生物质热解气的主要成分及热值

编号	组分							热值/（MJ/m^3）		空燃比
	H_2	CO_2	O_2	N_2	CH_4	CO	C_2H_6	低热值	高热值	
1	12.89	12.19	2.10	60.00	1.55	10.40	0.34	3.47	3.80	0.80
2	13.86	13.02	0.99	60.00	1.86	12.83	0.30	3.96	4.32	0.91
3	8.28	13.00	1.50	60.00	1.33	11.11	0.20	2.89	3.12	0.65

主要成分的化学反应方程式如下：

$2H_2 + O_2 \Longrightarrow 2H_2O$ 发生反应的体积比 $V_{H_2} : V_{空气} = 2 : 5$

$2CO + O_2 \Longrightarrow 2CO_2$ 发生反应的体积比 $V_{CO} : V_{空气} = 2 : 5$

$CH_4 + 2O_2 \Longrightarrow CO_2 + 2H_2O$ 发生反应的体积比 $V_{CH_4} : V_{空气} = 1 : 10$

$2C_2H_6 + 7O_2 \Longrightarrow 4CO_2 + 6H_2O$ 发生反应的体积比 $V_{C_2H_6} : V_{空气} = 2 : 35$

由表 3.5 及相关化学反应方程式可以计算得到热解气燃烧产物高温烟气主要成分及总量，如表 3.6 所示。表 3.6 的计算中忽略原有热解气中所含有的少量氧气参与燃烧反应的过程，燃烧过程的过量空气系数为 1.1。

表 3.6　热解气燃烧产物高温烟气主要成分及总量　　　　　　（m^3/m^3热解气）

编号	N_2	CO_2	H_2O	O_2	燃烧产物体积
1	1.283 6	0.248 8	0.170 1	0.037 7	1.740 0
2	1.377 1	0.283 5	0.184 8	0.028 9	1.874 4
3	1.160 0	0.258 7	0.115 4	0.028 7	1.562 9

根据表 3.6,高温烟气的产气量取平均值 1.725 7 m^3/m^3 热解气。

基于上述数据可以计算燃烧炉热平衡,如表 3.7 所示。

表 3.7 燃烧炉热平衡计算

名称	符号	公式	数值	单位	备注
空燃比	α	—	0.90	m^3/m^3	
燃烧所需实际空气流量	q_{av}	$\alpha \times \tau$	67.50	Nm^3/h	
燃烧产生实际烟气流量	q_y	$q_g \times 1.725\ 7$	129.58	Nm^3/h	
燃烧烟气温度	T_y	—	1 100.00	℃	
理论烟气焓值	h_y	—	1 665.00	kJ/Nm^3	
实际烟气焓值	h_{ys}	$h_y + 1\ 594.89 \times (1.1-1)$	1 824.49	kJ/Nm^3	过剩空气系数 $\alpha=1.1$, 空气焓值 1 594.89 kJ/Nm^3
燃烧烟气热量	Q_y	$q_y \times h_{ys}$	236 412.72	kJ/h	

4. 蒸汽发生器热平衡计算

来自燃烧炉的温度为 1 100 ℃、流量为 129.58 m^3/h 的高温烟气进入蒸汽发生器,产生 0.6 MPa、158 ℃的饱和水蒸气,同时蒸汽发生器的排烟温度为 185 ℃。热平衡计算如表 3.8 所示。

表 3.8 蒸汽发生器热平衡计算

名称	符号	公式	数值	单位
排烟温度	$T_{y,v}$	—	185.00	℃
排烟焓值	$h_{y,v}$	—	253.00	kJ/Nm^3
蒸汽压力	P_v	—	0.60	MPa
蒸汽温度	T_v	—	158.00	℃
蒸汽焓值	h_v	—	2 756.00	kJ/kg
回水温度	$T_{w,v}$	—	80.00	℃
回水焓值	$h_{w,v}$	—	335.00	kJ/kg
换热效率	η_v	—	0.95	—
蒸发量	Q_v	$(h_{ys} - h_{y,v}) \times q_y / (h_v - h_{w,v})$	79.90	kg/h

5. 汽-气换热器热平衡计算

来自蒸汽发生器的压力为 0.6 MPa、158 ℃的饱和水蒸气作为热流体进入汽-气换热器,将热量释放给来自循环风机的空气(40 ℃),并将空气加热到 80 ℃。热平衡计算如

表3.9所示。

表3.9　汽-气换热器热平衡计算

名称	符号	公式	数值	单位
烘干前空气温度	$T_{a,i}$	—	80.00	℃
冷凝后空气温度	$T_{a,c}$	—	40.00	℃
冷凝后空气焓值	$h_{a,c}$	—	167.88	kJ/kg
冷凝后含湿量	$d_{a,c}$	—	49.52	g/kg
烘干前空气焓值	$h_{a,i}$	—	211.88	kJ/kg
换热效率	η_{gg}	—	0.95	—
循环空气质量	$m_{a,c}$	$(h_v-h_{w,v})\times Q_v\times\eta_{gg}/(h_{a,i}-h_{a,c})$	4 177.21	kg/h
空气密度	ρ	—	1.29	kg/Nm³
循环空气流量	$Q_{a,c}$	$m_{a,c}/\rho$	3 238.14	Nm³/h

6. 烘热平衡计算

来自汽-气换热器的80 ℃热空气进入带式烘干机,用于烘干含水率60%的污泥原泥,烘干机污泥出口含水率为20%。具体热平衡计算过程如表3.10所示。

表3.10　烘干过程热平衡计算

名称	符号	公式	数值	单位
污泥温度	T_{s1}	—	20.00	℃
污泥进口水分比焓	h_{sw1}	—	84.00	kJ/kg
污泥初始比焓	h_{s1}	$h_{sw1}\times\gamma_{w1}+0.84\times(1-\gamma_{w1})\times T_{s1}$	57.12	kJ/kg
污泥出口温度	T_{s2}	—	50.00	℃
污泥出口水分比焓	h_{sw2}	—	251.00	kJ/kg
污泥出口比焓	h_{s2}	$h_{sw2}\times\gamma_{w2}+0.84\times(1-\gamma_{w2})\times T_{s2}$	83.80	kJ/kg
水分蒸发点温度	T_d	假设烘干空气平均参数70 ℃,50%	54.79	℃
水分蒸发潜热	γ_{wd}	—	2 400.00	kJ/kg
水分蒸发需热量	q_{wv}	$m_w\times\gamma_{wd}$	150 000.00	kJ/h
总需热量	q_{sd}	$q_{wv}+(h_{s2}\times m_{s2}-h_{s1}\times m_{s1})$	148 097.50	kJ/h
烘干机热利用系数	a	—	0.90	—
烘干实际需热量	Q_{sd}	q_{sd}/a	164 552.78	kJ/h

7. 热平衡校核

根据上述计算,可以得到整个污泥处理系统的热平衡情况,如表3.11所示。可见,源污泥资源化利用系统热量供需基本保持平衡,在添加生物质条件下还有一定的能源富裕。

表3.11 热量平衡校核

名称	符号	公式	数值	单位
气化热解气热量	Q_g	$q_g \times \lambda$	266 857.50	kJ/h
燃烧烟气热量	Q_y	$q_y \times h_{ys}$	236 412.72	kJ/h
烟气可利用热量	Q_{ys}	$q_y \times (h_{ys} - h_{y,v})$	203 629.62	kJ/h
热能利用总效率	η	$\eta_v \times \eta_{gg} \times a$	0.81	——
可利用热能	Q_u	$Q_{ys} \times \eta$	165 398.16	kJ/h
热能裕量系数	——	Q_u / Q_{sd}	1.01	——

▲ 本章小结 ▲

本章提出了将污泥与生物质高效耦合高值化利用的技术路线,通过生物质和污泥耦合气化机理及试验、污泥与生物质混合燃料制备技术、气化灰渣碳硅分离、活性炭制备等关键技术及成套装备的研究,实现减量化明显、资源化效率高、环境效益好的市政污泥高值化利用,进而实现市政污泥无害化、减量化、稳定化、能源化、资源化处理。在此基础上,对污泥与生物质高效耦合高值化利用运行参数进行了系统设计,并通过系统热平衡计算,获得了整个污泥资源化处理系统的热平衡状况,研究结果表明,污泥高值化利用系统热量供需基本保持平衡,在添加生物质条件下还有一定的能源富裕。

第四章　污泥与生物质耦合燃料协同脱水与输运技术研究

　　污泥存在含水率高、含碳量低、含灰分高、热值低等特点,导致传统处理方法在一定程度上无法产生具有较高经济价值的副产品,无法实现资源的充分利用,运行经济性较低。相较于污泥,生物质的含水率低、含碳量高、含灰分低、热值高,因此将污泥与生物质耦合资源化处理亟需深入研究。生活污水污泥含水量约80%,呈流塑状,即非固非液,传统方法难以利用。污泥中含大量脂肪、纤维素和蛋白质等有机质,经过干化处理后干基污泥热值较高的可达到 8 360 ~ 12 540 kJ/kg,但受地域、季节、气候等因素影响较大。

　　污泥脱水后其性质为软性固体,褐色,异臭味浓,密度约为 1.01 t/m³。根据分析,污泥与水分子的结合非常紧密,并具有不同的相态,包括可经重力沉淀和机械作用去除的自由水、必须通过较复杂或需要较高的能量(如加热、焚烧等)才能去除的物理性结合水、间隙水、胶态表面吸附水、化学性结合水、生物细胞内的水和分子水等。污泥含水量减少的过程,也是热值增加的过程。在高含水状态下,将污泥与生物质进行耦合处理制备成燃料棒,不仅可以将污泥中的水分快速脱除,实现污泥与生物质的高效耦合资源化利用,还可以促进低成本大规模工业化生产,有效缓解污泥堆放和处理过程中的环境污染问题。

　　鉴于上述问题,制定了生物质、污泥和固结剂掺混的含水率要求、掺混比例和混合原料的制棒工艺,可以有效解决污泥快速脱水和堆积变形问题,同时可为污泥的热解气化提供良好的热解气化条件。此外,为了保障生物质原料供给,采取以下三项措施:①降低生物质掺混比例至10%左右;②使用不同的多样性生物质原料;③在项目所在地建立较完整的生物质收运储网点。

第一节　污泥与生物质原料物化特性

一、污泥物化特性

1. 含水量检测

　　含水量检测的试验设备系采用郑州生元仪器有限公司生产的 DHG-2150B 型电热鼓风干燥箱。将采集的样品称量后放入干燥箱内,温度调至 105 ℃,烘干 12 h,关掉加热开关,待温度降至 30 ℃以下时,取出样品再次称量,计算含水量。含水量的检测结果见表 4.1。

表4.1 污泥含水量检测结果 (%)

日期	方案1	方案2	方案3
处理前	78.8	78.8	78.8
10月17日	61.3	58.8	56.5
10月18日	56.4	52.8	47.4
10月19日	52.6	46.4	40.7
10月24日	51.2	43.0	37.3

注:方案1,污泥中加入秸秆粉20%,固结剂10%;方案2,污泥中加入秸秆粉20%,固结剂15%;方案3,污泥中加入秸秆粉20%,固结剂20%。

2. 热值检测

热值检测的试验设备采用SHR-15A型燃烧热试验仪。检测结果见表4.2。

表4.2 污泥处理后热值检测结果 (kJ)

日期	方案1	方案2	方案3
10月17日	3 689.69	3 338.57	2 904.26
10月18日	4 156.59	3 824.70	3 512.04
10月19日	4 519.00	4 343.44	3 959.30
10月24日	4 652.34	4 618.90	4 186.27

注:方案1,污泥中加入秸秆粉20%,固结剂10%;方案2,污泥中加入秸秆粉20%,固结剂15%;方案3,污泥中加入秸秆粉20%,固结剂20%。

3. 比重试验

将采取的污泥样品倒入容量为1 000 mL的烧杯中称重,得到样品的比重。污水处理厂产出的污泥比重一般为1.05~1.1,加入固结剂和秸秆粉后,比重得到了大幅度下降。比重试验的结果见表4.3。

表4.3 污泥的比重

日期	方案1	方案2	方案3
10月17日	0.753	0.685	0.586
10月18日	0.654	0.562	0.491
10月19日	0.536	0.473	0.428
10月24日	0.498	0.436	0.395

二、生物质物化特性

1. 含水量检测

含水量检测的试验设备系采用郑州生元仪器有限公司生产的 DHG-2150B 型电热鼓风干燥箱。将采集的样品称量后放入干燥箱内,温度调至 105 ℃,烘干 12 h,关掉加热开关,待温度降至 30 ℃以下时,取出样品再次称量,计算含水量。含水量的检测结果见表 4.4。

表 4.4　污泥含水量检测结果 （%）

日期	方案 1	方案 2	方案 3
处理前	78.8	78.8	78.8
10 月 17 日	61.3	58.8	56.5
10 月 18 日	56.4	52.8	47.4
10 月 19 日	52.6	46.4	40.7
10 月 24 日	51.2	43.0	37.3

注:方案 1,污泥中加入秸秆粉 20%,固结剂 10%;方案 2,污泥中加入秸秆粉 20%,固结剂 15%;方案 3,污泥中加入秸秆粉 20%,固结剂 20%。

2. 热值检测

热值检测的试验设备采用 SHR-15A 型燃烧热试验仪。检测结果见表 4.5。

表 4.5　污泥处理后热值检测结果 （kJ）

日期	方案 1	方案 2	方案 3
10 月 17 日	3 689.686	3 338.566	2 904.264
10 月 18 日	4 156.592	3 824.700	3 512.036
10 月 19 日	4 518.998	4 343.438	3 959.296
10 月 24 日	4 652.34	4 618.900	4 186.27

注:方案 1,污泥中加入秸秆粉 20%,固结剂 10%;方案 2,污泥中加入秸秆粉 20%,固结剂 15%;方案 3,污泥中加入秸秆粉 20%,固结剂 20%。

3. 比重试验

将采取的污泥样品倒入容量为 1 000 mL 的烧杯中称重,得到样品的比重。污水处理厂产出的污泥比重一般为 1.05 ~ 1.1,加入固结剂和秸秆粉后,比重得到了大幅度下降。

第二节　污泥与生物质耦合燃料脱水机理

污泥中的水均为结合水,在重力作用下难以脱出。因此,污泥脱水问题成为污泥处理、处置的关键难题。本次试验采用固结剂和秸秆粉,即作为污泥调理剂,实现污泥快速脱水。

一、秸秆作用机理

(1)加筋作用。秸秆粉是一种短纤维,加入污泥后能起到加筋的作用,能立即使污泥的强度产生质的变化,使污泥变得富有弹性。

(2)加热作用。秸秆粉加入污泥后会与污泥一起发酵,并产生大量的热量,使污泥获得源源不断的能量,使污泥中的水分不断耗散。10月18日,污泥堆的实测温度为35 ℃,10月19日,污泥堆的实测温度为45 ℃,而这两天大气的最高温度为24 ℃,因此,秸秆粉的加热增温作用十分明显。

(3)减水作用。秸秆粉为含水量接近于零的粉状材料,加入污泥后,污泥的含水量会立即大幅度减小,减水效果立竿见影。如100 kg含水量80%的污泥,加入20 kg秸秆粉和10 kg固结剂,含水量为80/(100+20+10)= 61.5%。

(4)疏松作用。秸秆粉是一种疏松剂,使污泥由致密状变为疏松状,使污泥的孔隙度大幅度增加,使污泥中的水分散失畅通无阻。

(5)热值增值作用。各种秸秆的热值见表4.6。

表4.6　各种秸秆的热值　　　　　　　　　　　　　　　　(kJ)

秸秆名称	高位热值	低位热值
玉米秸	19 064.98	17 744.10
玉米芯	19 027.36	17 731.56
麦秸	19 875.90	18 529.94
稻草	18 801.64	17 635.42
花生壳	17 372.08	16 017.76
棉秸	19 324.14	18 091.04
平均值	18 910.32	17 627.06

由表4.6可知,秸秆粉的高位热值为18 910.32 kJ,低位热值为17 627.06 kJ,远高于污泥的绝干热值,因此,添加秸秆粉不仅可以使污泥的含水量大幅度降低,而且可以使污泥热值大幅度提高,这对污泥热解气化和生产活性炭都是有利的。

二、固结剂作用机理

（1）结晶作用。固结剂加入污泥后，可以与污泥产生快速反应，将污泥中的一部分结合水转化为固态的结晶水，使污泥中的含水量降低。

（2）加热作用。固结剂加入污泥后，固结剂立即产生水化作用，并产生大量的水化热，将污泥的温度升高。温度的升高会加速污泥中水分的散失。

（3）骨架构建体的作用。固结剂均匀地掺入污泥后，固结剂的结晶会构建一个骨架，使污泥由致密结构转化为多孔的疏松结构，有利于晾晒条件下污泥中水分的散失。

三、耦合作用机理

污泥干燥过程实质上是去除水的过程，包括污泥表面水汽化和污泥内部水扩散两个过程。这两个过程相互促进，同时并存。汽化过程是污泥表面水的蒸发。由于污泥表面的水蒸气压远高于大气中的水蒸气压，导致污泥中的水分不断地从污泥表面进入大气。污泥中水分的扩散过程与气化过程密切相关，污泥表面水分被蒸发掉，湿度就低于污泥内部湿度。此时，热量产生的推动力将水分不断地将水分从内部转移到表面。污水处理厂产生的污泥，由于生产工艺问题加入了絮凝剂，使污泥形成网状结构，非常致密，导致污泥中的水分很难去除。污泥中加入的秸秆粉和固结剂，实际上就是污泥膨松剂，使污泥由致密状变为松散状，为污泥干燥创造有利条件。

通过向污泥中添加秸秆粉和固结剂制备的燃料棒，具有良好透气性，可以使污泥中水分快速地脱出，并能产生较高热值，这是污泥资源化利用的重要基础。其中，固结剂是一种无机材料，而秸秆粉是一种有机材料，通过固结剂和秸秆粉的复配使用，有助于发挥有机与无机材料的协同脱水作用，进而达到比单独使用更优的脱水效果，更有利于对污泥进行物化改性和资源化利用。

第三节　污泥与生物质耦合燃料制备试验及结果分析

一、第一次工业化试验

在康达环保水务有限公司焦作分公司第二污水处理厂进行了工业化试验。所有的试验材料送达试验场地，用铲车完成了污泥与不同配比的调理剂的拌和，三日后再次用铲车完成了污泥与污泥调理剂的拌和、摊铺，并在拌和结束后完成了样品采取，进行室内试验和指标检测。

污泥与生物质耦合燃料制备工业性试验目标：①污泥处理后热值达到 4 180 kJ 以上；②污泥的含水率由 80％降至 50％左右；③污泥状态由致密状变为蓬松状，以利于晾晒，降低含水率。

试验材料为固结剂、秸秆粉和污泥。试验规模:大型试验。处理污泥 24 t,分别测试处理后当天、晾晒 1 天、2 天和 7 天的含水率和热值。

试验方案包括:①方案 1,污泥 8 t,秸秆粉 1.7 t,固结剂 0.8 t(污泥的 10%);②方案 2,污泥 8 t,秸秆粉 1.7 t,固结剂 1.2 t(污泥的 15%);③方案 3,污泥 8 t,秸秆粉 1.7 t,固结剂 1.6 t(污泥的 20%)。按以上配比将物料配好后,用一台铲车进行搅拌。拌匀后堆放在厂棚内,摊铺厚度不大于 1 m。每天要用铲车和挖掘机翻倒一次,直至试验结束。用铲车完成了污泥、秸秆粉与固结剂的不同配比的混料、拌和,见图 4.1。图中左边的污泥含秸秆粉 20%、固结剂 10%,颜色较黑,铲车正在拌和的污泥含秸秆粉 20%、固结剂 15%,颜色较浅,结构较松散,有助于污泥中水分的散失。再次用铲车进行拌和、摊铺,并在拌和结束后完成了样品采取,进行室内试验和指标检测。从试验现场采取样品,送河南九龙机械制造有限公司进行了污泥制备燃料棒的试验,见图 4.1。

(a) 污水处理厂污泥　　　　　　　　(b) 秸秆粉

(c) 固结剂　　　　　　　　(d) 铲车拌和物料

(e) 污泥与生物质耦合燃料压块制备　　　　(f) 污泥与生物质耦合燃料棒

图 4.1　第一次工业化试验

二、第二次工业化试验

在康达环保水务有限公司焦作分公司第一污水处理厂进行了工业化试验。2月11日（元宵节）上午，所有的试验材料送达试验场地。然后，用铲车进行了搅拌，污泥加入秸秆粉和固结剂经搅拌、碾压处理后非常均匀，2017年2月25日，污泥送到郑州后，因含水量过高，难以制棒，又加入锯末和固结剂，见图4.2，污泥经晾晒后，含水量降至31.7%，很松散，3月8日进行了制棒，见图4.3。污泥制棒后经晾晒，见图4.3，含水量下降很快，晾晒一天，含水量就由31.7%降至22.6%。3月10日，燃料棒装车送到山东聊城。

(a) 污泥和秸秆粉　　　　　　　　　(b) 固结剂

(c) 铲车拌和物料　　　　　　　　　(d) 拌和好的物料

(e) 耦合物料二次拌和　　　　　　　(f) 污泥与秸秆耦合物料

图4.2　第二次工业化试验污泥与生物质耦合燃料混合

(a) 污泥与生物质耦合原料压块制备

(b) 制备出的耦合燃料棒

(c) 耦合燃料棒晾晒

(d) 应用场地

图4.3　污泥与生物质耦合燃料压块制备

试验单位:康达惠宝再生资源有限公司、河南理工大学。

试验目标:①污泥处理后热值达到 6 270 kJ 以上;②污泥的含水率由 80% 降至 40% 左右;③污泥状态由致密状变为蓬松状,以利于晾晒,降低含水率。

试验时间:2017 年 2 月 11 日至 3 月 10 日。

试验地点:康达环保水务有限公司焦作分公司第一污水处理厂污泥堆放场。

试验材料:固结剂、秸秆粉和污泥。

试验规模:大型试验,处理污泥 24 t。

试验方案:污泥 24 t,秸秆粉 6 t(污泥的 25%),固结剂 1.2 t(污泥的 5%)。按以上配比将物料配好后,用一台铲车进行搅拌。拌匀后堆放在污泥堆放场的东北角。摊铺厚度不大于 1 m。每天要用铲车翻倒一次。

试验结果:样品采取后,立即进行了室内试验检测。

1. 含水量检测

含水量检测的试验设备系采用郑州生元仪器有限公司生产的 DHG-2150B 型电热鼓风干燥箱。将采集的样品称量后放入干燥箱内,温度调至 105 ℃,烘干 12 h,关掉加热开关,待温度降至 30 ℃ 以下时,取出样品再次称量,计算含水量。含水量的检测结果见表 4.7。

表 4.7　含水量检测结果 （％）

日期	污泥	秸秆粉	混合料	混合料	燃料棒
2 月 11 日	83.7				
2 月 11 日		60.6			
2 月 17 日			48.3		
3 月 9 日				31.7	
3 月 10 日					22.6

2. 热值与灰分检测

热值与灰分检测的试验设备采用 SHR-15A 型燃烧热试验仪。检测结果见表 4.8。

表 4.8　燃料棒热值与灰分测试结果

	含水量/%	燃烧前重/g	燃烧后重/g	灰分/%	热值/kJ	干基热值/kJ
燃料棒 1	31.7	1.043 3	0.293 7	28.15	6 190.998	9 770.75
燃料棒 2	22.6	1.044 4	0.296 3	28.37	7 984.636	10 565.37

注:燃料棒 1 为 3 月 8 日下午 4 点制棒机刚制出取的样;燃料棒 2 为 3 月 8 日上午 9 点制的样,经一天暴晒下午 5 点取的样。

3. 可燃成分检测

燃料棒可燃成分检测结果见表 4.9。

表 4.9　燃料棒可燃成分检测结果 （％）

日期	碳	氮	氢	硫	氧
3 月 15 日	23.61	1.56	3.66	1.26	29.37

4. 重金属检测

重金属检测结果见表 4.10。

表 4.10　燃料棒重金属测试结果 （×10⁻⁶）

重金属	Be	V	Cr	Mn	Co	Cu	Zn	As
燃料棒 1	0.106	14.23	未检出	56.55	1.36	25.66	123.10	3.18
燃料棒 2	0.114	14.03	未检出	61.29	1.30	27.01	134.67	3.39
重金属	Se	Ag	Cd	Sb	Ba	Tl	Pb	Hg
燃料棒 1	4.77	0.21	9.19	0.32	44.30	0.049	10.75	0.553
燃料棒 2	4.69	0.13	11.9	0.22	51.73	0.054	12.79	0.586

注:检测设备为 ICP-MS。

三、第三次工业化试验

第三次污泥制备燃料棒的工业化试验是在山东日照海汇集团下属的生物质发电厂内完成的。2018年8月8日至8月15日,在生物质发电厂进行了多次污泥制备生物质发电燃料的工业化试验。山东日照海汇集团大自然生物质发电厂,每年要烧掉大量秸秆。随着秸秆价格的上涨,需要寻找一种廉价燃料,利用污泥制备发电燃料成为一种最佳的选择,既治理了污染,又取得了很好的效益,可谓一石二鸟。

试验设备见图4.4,由上料系统、给料系统、混料系统和压块系统组成。上料系统由料仓和传送带组成。给料系统主要由螺旋给料秤组成,由计算机自动控制。混料系统由双轴搅拌机组成,实现几种物料的均匀混合。混合均匀的物料由上料系统送至压块系统制成燃料棒。

图4.4 燃料棒制备的成套装备

1. 糠醛渣制备燃料棒的工业化试验

糠醛渣是生物质类物质如玉米芯、玉米秆、稻壳、棉籽壳以及农副产品加工下脚料中的聚戊糖成分水解生产糠醛(呋喃甲醛)产生的生物质类废弃物。

糠醛渣作为生物质水解过程中产生的废弃物,其盐分含量高,呈酸性,其大量堆积会对大气、土壤、河流产生污染。糠醛渣作为一种生物质类废弃物含有大量的纤维素、半纤维素、木质素,具有良好的再利用价值。因此,合理地资源化利用糠醛渣,消除其对环境的污染,同时增加糠醛渣的经济附加值,实现糠醛企业生产过程中的污染物零排放目标,达到清洁生产、循环利用的目的,是糠醛渣资源化利用亟须解决的问题。糠醛渣的资源化利用方向主要包括利用糠醛渣制取多孔吸附碳材料、改良碱性土壤、矿区土壤修复、农作物培育、化学加工等方向。

糠醛渣和粉煤灰经过一定比例混合,结合淋洗以及其他复垦方式,可以有效地修复土壤,并且在土壤修复过程中解决了粉煤灰、糠醛渣两种固体废弃物对环境的污染,并将其合理利用,实现污染物质的资源化利用。

糠醛渣富含维生素、木质素,具有较高的热值,因此,利用糠醛渣制备发电燃料,能起到很好的经济效益。

图4.5(a)为糠醛渣与花生壳、树皮一起搅拌。配方为糠醛渣1车,树皮1车,花生壳3车,8月9日至8月10日,在现场试验了2天,由于没有找到合适的含水量,对花生壳的性能也缺乏认识,最终以失败而告终。

2.造纸污泥制备燃料棒的工业化试验

造纸污泥是造纸废水处理过程中产生的沉淀物质,主要成分是木质素、糖类和盐,具有较高的热值,可以制备燃料棒,用于发电。

图4.5(b)为运抵试验现场的造纸污泥。总结了前2天的失败教训,将含水量控制在45%左右,并适量加入造纸白泥,顺利地压出了燃料棒。图4.5(c)为造纸污泥制备的燃料棒。

3.污水污泥制备燃料棒的工业化试验

生活污水处理厂产生污水污泥,含大量的脂肪、糖和纤维素等有机质,具有较高的热值,可以制备燃料棒。

图4.5(d)为莒县污水处理厂产生的污水污泥。经1天晾晒后,与糠醛渣、树皮一起搅拌,配比为1车污水污泥,1车糠醛渣,1车树皮。搅拌均匀后送入制棒机制备燃料棒。燃料棒制成后,再经过1周左右的晾晒,含水量降至20%以下,就是热值在14 630 kJ左右的发电燃料,可以堆存备用,见图4.5(f)。

(a) 糠醛渣、花生壳、树皮进行搅拌

(b) 造纸污泥

(c) 造纸污泥制备燃料棒

(d) 拌和好的物料

(e) 耦合物料二次拌和　　　　　　　(f) 晾干后堆存在仓库的燃料棒

图4.5　第三次工业化试验

4. 试验检测

　　整个试验过程中,均对污泥及燃料棒的含水量、挥发分、灰分及热值进行了检测,检测结果见表4.11。由表4.11可知,糠醛渣的热值最高,高位热值高达17 511.27 kJ,污水污泥的热值最低,为8 685.622 kJ。但糠醛渣每吨约60元,成本较高,但相对于每吨数百元的秸秆来说,还是相对较低的。污水污泥的热值低,但污水污泥是不要钱的,甚至可以得到政府的补贴,并且有着很好的社会效益和环境效益。综合考虑,污水污泥制备燃料棒用于发电的综合效益是可观的。

表4.11　污泥及燃料棒检测结果

送样日期	类别	全水(Mar,t)/%	外水分(M_{ar,f})/%	内水分(M_{ad,inh})/%	内水分(M_{ar,inh})/%	挥发分(V_{ad})/%	灰分(A_{ad})/%	全硫(S_{ad})/%	固定碳(F_{cad})/%	收到基低位发热量/(J/g)	弹筒发热量(Qb)/(J/g)	干基高位热值/(J/g)
8月4日	糠醛渣	58.8	57.74	2.51	1.06	58.46	18.48	1.07	20.55	5 338	17 194	17 511
8月8日	酒糟渣	32.0	29.23	3.91	2.77	51.03	33.65		11.41	13 212	13 189	13 726
8月10日	污水污泥	40.0	39.05	1.60	0.98	37.16	55.75	1.08	5.49	3 940	8 657	8 686
8月12日	造纸污泥燃料棒	21.9	20.45	1.87	1.48	52.33	35.80	0.71	10.01	9 391	13 395	13 568
8月12日	污水污泥燃料棒	29.3	28.88	0.63	0.45	54.59	28.56	0.28	16.23	6 757	11 474	11 508
8月13日	糠醛渣燃料棒	43.6	42.85	1.31	0.75	57.24	25.32	0.55	16.13	6 768	14 704	14 831

注:表中数据由海汇集团生物质能发电厂实验室提供。

四、固结剂添加量的影响

图4.6为方案1的含水量变化曲线。10月17日拌和好后,污泥的含水量由78.8%下降到61.3%,10月19日下降到52.6%,平均每天下降4.4%。

图4.7为方案2的含水量变化曲线。10月17日拌和好后,污泥的含水量由78.8%下降到58.8%,10月19日下降到46.4%,平均每天下降6.2%。

图4.8为方案3的含水量变化曲线。10月17日拌和好后,污泥的含水量由78.8%下降到56.5%,10月19日下降到40.7%,平均每天下降7.9%。

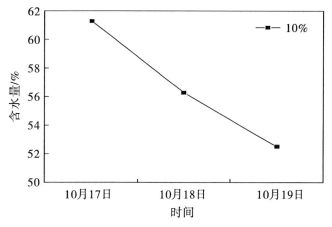

图4.6　方案1含水量随时间的变化曲线

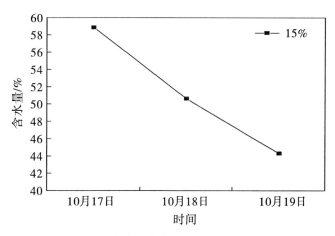

图4.7　方案2含水量随时间的变化曲线

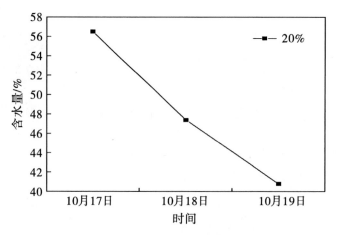

图4.8　方案3含水量随时间的变化曲线

　　固结剂的添加量与污泥含水量的关系曲线见图4.9。从图4.9中不难看出,随着固结剂添加量的增大,含水量快速减小,并且随着时间的延长,污泥中含水量减小的幅度是随着固结剂添加量的增大而增大。当秸秆粉与固结剂的添加量均为20%时,污泥处理48 h后,污泥中的含水量就由78.8%下降到40.7%,几乎下降一半,效果十分显著。10月20日至24日,由于一直是阴雨天气,大气的相对湿度大多数时间在95%左右,不利于水分散失,因此,后5天含水量下降很小。

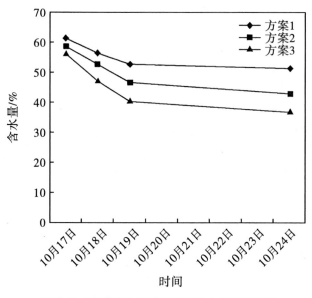

图4.9　固结剂的添加量与污泥含水量的关系

　　图4.10为固结剂添加量与热值的关系曲线。由于固结剂为无机材料,因而添加量越高,热值越低。图4.11为固结剂的添加量与污泥比重的关系曲线。从图中不难看出,固结

剂添加量越高,污泥比重越小,这是因为污泥中固结剂添加量越高,污泥越松散,污泥中的水分散失越多,比重也会越低。

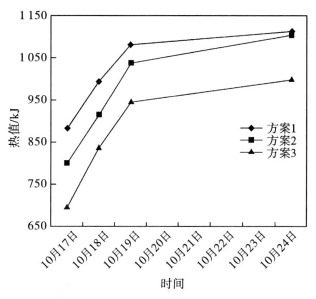

图 4.10　固结剂的添加量与热值的关系

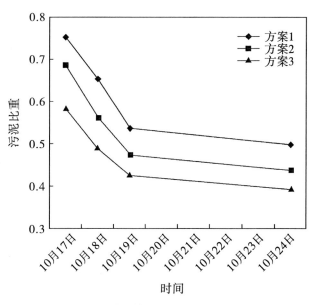

图 4.11　固结剂的添加量与污泥比重的关系

五、气象因素的影响

气象因素对污泥含水量也有重要影响,大气温度、湿度的变化影响着污泥中水分的散失。试验期间的天气情况见表4.12。10月17日至19日,天气晴好,温度较高,湿度较小,对污泥中水分的散失非常有利。10月20日至24日,一直是阴雨天气,温度较低,湿度较大,对污泥中水分的散失十分不利。

表4.12　试验期间的天气变化

日期	天气	降水量/mm	温度/℃	相对湿度/%
10月17日	晴朗	—	14～24	34～84
10月18日	多云	—	17～24	34～89
10月19日	多云	—	17～24	47～92
10月20日	小雨	2.3	13～20	90～96
10月21日	小雨	9.1	15～17	88～96
10月22日	阴	—	13～16	83～97
10月23日	小雨	8.7	8～11	90～96
10月24日	小雨	10.4	9～11	72～95

第四节　污泥与生物质耦合燃料稳定输运技术研究

在污泥与生物质热解气化过程中,必须确保原料输送的密封性、连续性。然而,由于污泥含水率高、黏性系数高,且生物质原料结构疏松、水分含量高、纤维韧性高,污泥与生物质热解气化进料过程中容易出现物料堵塞,无法实现原料的稳定进料,而且在给料过程中容易出现缝隙致使密封性下降,尤其当系统处于负压运行时,会导致空气通过进料器进入燃烧装置或气化装置,影响燃烧装置或气化装置内部的整个流场,导致热解气化炉偏离设计方向运行,热解气化炉密封性不好,炉内容易发生爆炸,产生安全隐患。在很大程度上限制了生物质气化方面的应用,严重时由于热解气化炉密封性不好容易使炉内发生爆燃,引发严重的安全事故。针对污泥与生物质热解气化进料过程中给料系统存在的容易堵塞、启动困难、密封不严、容易回火等技术难题,设计和改进了污泥与生物质热解气化进料系统的技术工艺。

一、技术工艺设计

1. 给料螺距结构优化

螺旋输送机是一种不带挠性牵引件的输送装置,俗称绞龙,是矿产、饲料、粮油、建筑业中用途较广的一种输送设备,它适用于颗粒、粉状和小块状物料的水平输送、倾斜输送、垂直输送等形式,其输送距离从 2 ~ 70 m 不等,规格多种,并可根据实际需求连续输送粉状和小块状物料。输送机是靠旋转的螺旋叶片推移滑行进行物料输送的。传统生物质进料装置往往采用等螺旋进料机,如图 4.12(a)所示,这种结构设计不合理,容易出现物料堵塞现象,而且物料与螺旋叶片之间的摩擦力较大,如果采用变频电机,在启动时启动力矩过小,无法完成正常启动,严重影响生物质气化炉的启动和调整,难以满足生物质气化炉安全经济运行。为了有效防止进料发生堵塞现象,创新性地将传统等螺旋进料机进行结构优化设计,即采用导程为递加渐进式的螺旋输送机,如图 4.12(b)。

(a) 等螺旋进料　　　　　　　　　(b) 非等螺旋进料

图 4.12　给料螺旋的结构优化

此外,采用变频恒矩调速电机替代原有的螺旋输送电机,配套摆针轮式减速器和联轴器,可以有效解决启动力矩过小造成无法正常启动的问题;螺旋输送机支撑方式由单端轴承支撑改为两端轴承支撑。螺旋输送机加工及安装精度需确保足够的同心度,以确保螺旋输送机的运行可靠性。采用变频恒矩调速电机替代原有的螺旋输送电机,配摆针轮式减速器1 台和联轴器成套,进一步保障污泥与生物质进料运行稳定性,保障气化炉进料的连续性和均匀性。

2. 进料密封优化

污泥与生物质耦合热解气化是以空气中的游离氧或结合氧为气化剂,在高温条件下将污泥和生物质中的可燃部分转化为气体燃料(主要是 H_2、CO、CH_4、C_mH_n)的热化学反应,因此在气化过程中,必须严格控制炉内的空气物料比,增强气化炉的密封性。目前常用的进料装置多是物料在长度较长的塔式进料仓内自然堆积和下沉,进料口位置较低,物料从料仓自上而下自然送入气化炉,这样物料在下落过程中极易携带空气进入气化炉内。热解气化炉产生燃气的物料颗粒度较大,且质地疏松,存在很大的间隙,使气化装置和进料器之间的气密性差,影响进料器的正常工作。

进料器和气化装置之间密封不好会引起一系列的问题:当系统处于负压运行时,会导致空气通过进料器进入燃烧装置或气化装置,影响燃烧装置或气化装置内部的整个流场,严重时会引起爆燃、爆炸。当系统处于正压运行时,燃烧装置或气化装置的气体会通过进料器逸出,使物料难以进入气化炉,严重时有可能引燃物料,给热解气化炉安全生产带来极大的安全隐患。由于生物质物料流变性能低、空隙率大,螺旋输送机如果采用传统的水平布置,如图 4.13(a),将造成螺旋输送机上部空间不能充满物料,造成漏空气,致使进料系统密封不严,影响气化炉内的氧气分布,严重的还将引发回火,甚至生物质气体爆燃事故。为了解决给料密封问题,项目组将螺旋给料机采用负倾角度布置方式替代原来的水平布置方式,即螺旋输送电机垂直位置下移、靠近气化炉侧的螺旋输送机适当上移。给料系统如果采用负倾角布置,将有效解决给料系统密封不严、容易回火等问题,进而保障给料系统的安全稳定运行。

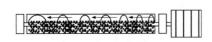

(a) 水平布置的螺旋进料   (b) 负倾角布置的螺旋进料

图4.13   给料螺旋的不同布置方法

3. 污泥与生物质混料仓结构优化

污泥与生物质混料仓底部一般为四角锥结构,底部出口面积较小,而且由于生物质原料纤维较多、湿度较大,容易出现搭桥起拱、料仓出现堵料现象。为了防止料仓发生堵塞,将原料仓底部进行局部切除,以增加给料口横截面面积和垂直空间。将四面锥形料仓改造为2个一面垂直、三面锥形结构,将料仓、溜槽下料壁面阻力系数降至零,保证下料运行顺畅,原料仓改造前后结构如图4.14所示。

(a) 改进前   (b) 改进后

图4.14   污泥与生物质混料仓结构改进

此外,给料系统在长期连续给料过程中,料仓里的物料由于积压而起拱,经常会堵住料仓底部的出口。因此,采用稳定可靠的料仓破拱装置对保证料仓粉末物料的连续稳定的出料非常重要。料仓物料的破拱方法主要有激振器、敲击锤、空气泡等。但常用激振器、敲击锤,经常会造成料仓内物料进一步压实,料仓内物料起拱可能有时反而加大;空气泡则需要配置专门的压缩空气装备。综合考虑,本研究给料系统采用机械式扰动破拱装置,即在料仓斜面、电动闸板阀上、下三个位置分别安装扰动装置(共三个扰动装置),并在料仓的锥形板上加装振动器,防止出现原料内部搭桥现象。它由带减速器的电动机及其支架、带支座的轴承、联轴器、驱动轴及交叉或垂直固定在驱动轴上的搅动杆组成,搅动杆上焊有拨料板,驱动轴水平设置在料仓锥体横截面长轴方向的对称中心线上,其一端由联轴器与电动机减速器的输出端同轴线连接。

二、应用效果分析

通过对污泥与生物质耦合热解气化炉进料系统的防堵技术进行研究,将传统的等螺旋进料机进行了结构优化,即采用导程为递加渐进式的螺旋输送机替代原有的等螺距螺旋输送机,并采用变频恒矩调速电机替代原有的螺旋输送电机,配套摆针轮式减速器和联轴器,可以有效解决进料系统堵塞问题,同时避免了启动力矩过小造成无法正常启动的问题,保障气化炉进料的连续性和均匀性;通过对热解气化炉进料系统的密封技术进行研究,螺旋进料机采用负倾角度布置方式替代原来的水平布置方式,即螺旋输送电机垂直位置下移、靠近气化炉侧的螺旋输送机适当上移。进料系统后续改造如果采用负倾角布置,将有效解决进料系统容易出现堵塞、启动困难、密封不严、容易回火等问题,进而保障进料系统的安全稳定运行;通过对热解气化炉进料系统结构的整体优化,还可以保障生物质进料系统今后的最大连续进料量可达 0.6 t/h,改进后的进料系统能够适用污泥与木片、树枝、玉米芯等多种生物质的混合原料,且混合原料不需要成型压块,其他污泥与生物质原料最大尺寸不超过 150 mm 即可。

▲ 本章小结 ▲

本章在对污泥的脱水机理进行分析基础上,深入研究了污泥与生物质掺混制取热解气化燃料的可行性工艺,对污泥、生物质掺混前后的原料进行化验对比,提出了适用于热解气化的原料掺混比例及水分要求,揭示了生物质纤维在混合物料中的骨架透气性物理机理,并在污水处理厂成功进行了污泥与生物质耦合燃料制备工业化试验,试验结果表明,污泥与生物质可以实现高效耦合协同脱水处理。最后,针对污泥与生物质热解气化进料过程中给料系统存在的容易堵塞、启动困难、密封不严、容易回火等技术难题,设计和改进了污泥与生物质热解气化进料系统的技术工艺。

第五章　污泥与生物质高效协同热解气化试验研究

基于生物质高温热裂解理论,设计了一种适用于市政污泥的热解气化炉和低热值气体燃烧装置,确保污泥与生物质耦合原料在热解气化炉内高效气化和低热值热解气在燃烧装置中充分燃烧,保证了污泥热解气化的稳定性和连续性,提高了污泥热解气化的热能利用综合效率。

第一节　热解气化炉设计与加工

一、热解气化炉设计

热解气化炉系统设计如图 5.1 所示。市政污泥热解气化中试试验工艺主要包括热解气化炉、炉底进风风机、高温风机、炉温炉压测试装置、气体采样装置和燃烧装置等。

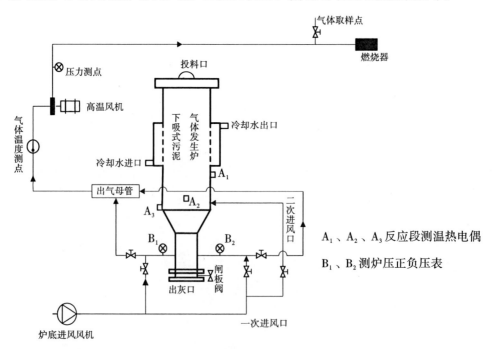

图 5.1　污泥热解气化中试试验工艺

　　污泥-生物质成型原料可在气化炉内连续完成热解气化过程,气化得到可燃气体不进行焦油净化处理,直接经炉底由高温风机送至室外燃烧装置进行燃烧,尽可能利用气体显热和焦油热值,提升了热解气化效率。整个热解气化过程可实现连续进料、连续产气、连续出炭。炉体上的热电偶可以测量热解区、燃烧区和燃尽区的温度,出气压力由出气管道的压力表测得,出气温度由高温风机前的温度表测得,高温风机后的压力表用来测量燃烧气体的压力。当气化炉能连续正常产气时,在系统末端点燃燃烧装置,观察火焰的燃烧情况,待燃烧正常后,打开气体采样装置进行气体样品采集,使用烟气分析仪测定燃气流速。如图5.2所示。

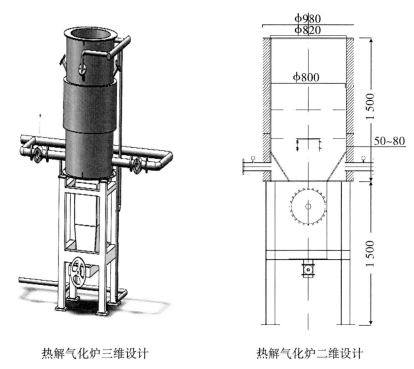

热解气化炉三维设计　　　　　　热解气化炉二维设计

图5.2　热解气化炉设计

二、试验设备加工与安装

　　压块机:中试采用压块机为河南省巩义市某厂家生产。该压块机主要用于污泥-生物质的挤压成型。其功率为45 kW,每小时生产能力为2 t/h,成型原料的直径为30 mm,长度可根据需要截断。

　　高温风机:本次试验高温风机采用MQ 8-09系列风机,该风机一般用于厂矿煤气炉加压、高炉、焦炉、转炉煤气加压以及输送各种易燃、易爆等气密性严禁的场所。设备具有体积小、运转平稳可靠、调节性能好等特点;高温风机主要用于热解气体输送,可输送介质温度一般不超过450 ℃(最高不超过500 ℃),介质中所含尘土及硬质颗粒不大于150 mg/m³。具体性能参数:流量1 013 m³/h,全压4 060 Pa,风速37. 9 m/s,效率63. 8%,轴功率

1.77 kW,电机功率 4 kW。

热解气燃烧装置:污泥在热解气化炉里热解气化后,产生 350 ℃ 左右的高温合成气,在高温风机的压力作用下,进入燃烧炉燃烧。燃烧炉从内墙到外墙依次由耐火材料、隔热材料、保温材料等砌筑而成;燃烧炉内部设置蓄热墙,可以保证炉内稳定的高温(约 1 100 ℃),确保燃烧炉的稳定燃烧,并可以延长烟气在炉内的停留时间,使可燃气体在炉子内部充分燃烧;合成气中携带的焦油在高温炉内充分燃烧,未完全燃烧的焦油触碰到蓄热墙后,也会被阻挡燃烧,提高了焦油的燃烧效率,极大地减少了焦油随烟气的外排量,既节约了热解气化热能,又降低了污染气体排放。以上设备的加工和调试见图 5.3,设备见图 5.4。

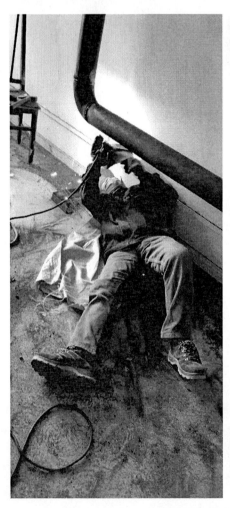

图 5.3　设备安装

热解气化炉本体　　　　　　　　压块机和高温风机

图 5.4　热解气化和燃烧过程

高温烟气经过蒸汽发生器的换热后,温度降低到 185 ℃以下,进入烟气处理系统进行脱除。烟气处理系统主要包括高温袋式除尘器、活性炭吸附装置、湿法脱酸塔、引风机、烟囱等。高温烟气经过布袋除尘器除尘后,进入活性炭吸附装置脱除二噁英等有害气体,然后进入脱酸塔继续脱除 SO_2 等酸性气体,合格的烟气经过引风机,送入烟囱排放。另外在炉墙的侧面留有脱硝装置的安装位置,根据烟气中的 NO_x 含量考虑采用 SCR 脱硝方法。烟气净化标准执行国家标准《危险废物焚烧污染控制标准》(GB 18484—2020),烟气污染物排放浓度限值见表 5.1。

项目中试在河南理工大学中试基地进行,占地面积 224 m^2,其中设备占地 168 m^2,办公及工具储存区占地 56 m^2,电力总负荷 350 kW。中试部分设备如图 5.5 所示。将污水处理厂的 60% 含水率污泥经烘干、热解气化、活性炭制备等工艺处理,整个系统采用负压运行,不会产生明显的臭味,且无任何污水排放,中试生产出来的固体颗粒全部制备成活性炭产品,产生的气体全部经过净化处理并达到国家排放环保要求,因此,完全符合国家"三废"排放环保要求。

表5.1 烟气污染物排放浓度限值

序号	污染物种类	限值	单位	取值时间
1	颗粒物	30	mg/m³	1 h 均值
		20	mg/m³	24 h 均值
2	氮氧化物(NO_x)	300	mg/m³	1 h 均值
		250	mg/m³	24 h 均值
3	二氧化硫(SO_2)	100	mg/m³	1 h 均值
		80	mg/m³	24 h 均值
4	二噁英	0.5	ng TEQ/Nm³	测定均值

注:表中污染物限值为基准氧含量排放浓度。

图5.5 中试部分设备

整条中试的温度、压力、气体成分、气体浓度、电压、电流等参数均有安全监测、报警及保护装置,不存在爆炸性、有毒性及腐蚀性气体,安全设施及保护措施完备。测试仪器如图5.6所示。

燃烧器

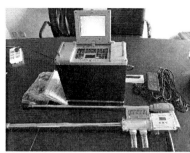
烟气分析仪

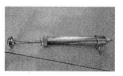

气体采样装置

工业分析仪

热重分析仪

灰熔点测定仪

图5.6　燃烧器与气体采样装置

第二节　试验原料制备

一、现场取样和化验

污泥中的有机质主要由糖、脂肪、蛋白质和纤维素等碳水化合物组成。污泥中的有机物含量是污泥最重要的化学性质,同时决定了污泥的热值与可消化性。通常有机物含量越高,污泥热值也高,可消化性越好。污泥中有机物含量通常用挥发性固体表示。另两项相关的重要指标是挥发性有机酸和矿物油。不同城市、不同污水厂、不同时期污泥中的有机物含量和组分都有所不同,有学者研究了国内16个城市和29个污水处理厂污泥的有机质情况,结果显示干污泥中有机质含量为38.4%±12.7%,总氮含量为2.71%±1.35%,全磷含量为1.43%±1.16%。

污泥的主要成分为有机物,从有机物中提取的挥发分可以燃烧。不同来源和性质的污泥,其干基热值有所不同,新鲜活性污泥的干基热值最高可达14 630 kJ。城市生活污水处理厂产生的消化污泥热值相对较低,在12 540 kJ左右,如上海生活污水处理厂产生的消化污泥热值为12 581.8 kJ,郑州生活污水处理厂产生的消化污泥热值为12 477.3 kJ。湿污泥的焚烧性也不甚理想,一般均需加辅助燃料方可稳定燃烧。

污泥样品经河南理工大学能源与动力工程实验室化验(图5.7)。测试过程如下:

(1)水分测试:称取一定量的污泥样品,置于鼓风干燥箱(105 ℃)中,在空气流中干燥

2 h,取出后称重,然后重新放回干燥箱中,延续干燥 10 h,取出后称重。然后根据样品的质量损失计算出水分的质量分数。

(2)灰分测试:称取一定量的污泥样品,放入马弗炉中,以一定的升温速率加热到(815±10)℃,灰化并灼烧到质量恒定。以残留物的质量占样品质量的质量分数作为样品的灰分。

(3)挥发分测试:称取一定量的污泥样品,放在带盖的瓷坩埚中,在(900±10)℃下,隔绝空气加热 7 min。以减少的质量占样品质量的质量分数,减去该样品的水分含量作为样品的挥发分。

(4)固定碳计算:$FC_{ar} = 100\% - (M_{ar} + A_{ar} + V_{ar})$。

图 5.7　测试化验过程

污泥成分及热值化验结果如表 5.2 所示。

表 5.2　焦作污水处理厂污泥成分与热值化验结果

样品编号	水分		灰分	挥发分	全硫	弹筒发热量	固定碳
	$M_t/\%$	$M_{ad}/\%$	$A_{ad}/\%$	$V_{ad}/\%$	$S_{t,ad}/\%$	/(kJ/kg)	$FC_{ad}/\%$
JZWN-01	60.6	8.84	48.69	36.98	0.74	7 122	5.49

二、耦合原料制备

中试试验原料采用焦作市污水处理厂污泥,初始含水率在 80%左右,未完全预处理之前呈黏稠糊状。污水厂污泥是由无机颗粒、有机残片、细菌菌体和胶体等组成的具有非常复杂性质的非均质体,黏性较强,属于胶体状结构的亲水性物质,不易实现泥水分离。污泥和生物质含水率及热值的检测结果见表 5.3。虽然污泥含水率、物理性质、浓缩性因其来源、处理环节、工艺的不同而不同,但污泥中水的存在形式是大致相同的。根据污泥中所含水分与污泥结合的情况,污泥中所含的水可分为颗粒间隙水、颗粒表面吸附水、自由水以及内部结合水;也有人将污泥中的水分为两类,即自由水与结合水,这里的结合水包括空隙水与水合水。根据对含水率为 85%的污水厂污泥水分研究,得到了各种形式水的存在比例:自由水游离于固体颗粒空隙,占总水分的 70%左右;当污泥长时间静置时,或多或少的会释放出自由水,这部分水可以通过浓缩除去;各类毛细水存在于非均质体的细小夹缝毛管中,大约占总水分的

15% ;因为毛细水会受到表面张力的作用限制,重力浓缩时不能脱出这部分水,必须用人工干化、热处理干化技术脱水;吸附水就是吸附在固体颗粒表面的水和结合水共占污泥总水分的10%左右,需通过机械脱水、热处理干化脱水;除此之外污泥中含有大量的微生物,水合水为存在于微生物细胞内的水,只有通过热处理技术才能脱去这部分水分。研究表明,不同性质的污泥,各种形式水分结合污泥能力各不相同,其结合能力取决于颗粒直径大小和亲水能力。若污泥中颗粒直径越小、细小絮体越多,亲水能力就越强,污泥水分越难脱除。

污泥脱水是整个污泥处理工艺的一个重要的环节,使固体富集,减少污泥体积,为污泥的最终输送、处置创造条件。而目前,我国大部分污泥只经过初步处理,便无序地临时堆放或简单填满,不仅占用了大面积的土地资源,而且破坏了生态环境。若能对污泥进行科学的预处理,加入一些吸水的调理剂处理,再经过自然晾晒干化,其含水率就能大大减少,不但节省了污泥的机械脱水处理成本,而且污泥也初步减量化、稳定化,节省下的资金也能够用于污泥的再处理以减小对环境的影响。污泥和生物质混合物料制备过程见图5.8。研究表明,污水厂污泥含水率与其体积成正相关。例如,污水厂污泥含水率从80%降到50%,体积将缩小60%,但仍可保持其流动性以保证运输和后续处理的方便。污泥脱水是整个污泥处理工艺的一个重要的环节,使固体富集,减少污泥体积,为污泥的最终处置创造条件。只要减少污泥的含水率,污泥就能减量化,就能大大减少污泥的运输和处理处置成本。而在我国污水处理厂的全部系统费用中,用于处理污泥的费用占20%～50%,这也是制约我国污水处理处置进程中最需克服的难题。

污泥（源于焦作污水厂）

花生壳

污泥生物质掺混

物料收集

挤压成型　　　　　　　　　　　物料晾晒

图5.8　污泥-生物质混合物料制备过程

表5.3　燃料棒、花生秸和污泥检测结果

	序号	坩埚/g	样品/g	干燥后样品+坩埚重量/g	干燥后样品净重/g	含水率/%	平均含水率/%	热值/(J/g)	平均热值/(J/g)
燃料棒	1	16.316 3	4.222 1	20.045 9	3.729 6	11.664 8	11.524 2	12 047	12 657
	2	16.909 9	3.952 2	20.412 2	3.502 3	11.383 5		13 267	
花生壳	1	14.529 5	2.201 7	16.447 6	1.918 1	12.880 9	12.390 9	16 749	17 013
	2	16.309 5	2.230 9	18.274 9	1.965 4	11.901 0		17 272	
污泥	1	16.513 9	6.119 0	21.795 6	5.281 7	13.683 6	15.421 4	11 085	10 780
	2	17.515 7	4.740 9	21.443 1	3.927 4	17.159 1		10 471	

第三节　试验方案

一、试验前准备

气化炉闸板阀(出灰口)先垫一部分细砂或者泥土,保护出灰口密封材料;碎渣机上方先垫一部分冷渣或者泥土,承托燃料棒;所有设备进行单独试车,检查正、反转旋向;现场杂物及时清理干净,西边两个房门均不得关闭,通道清理无杂物,冷却水套加满冷却水;试车人员,先通过简单会议介绍了解操作具体事宜,并指定专人负责传达或下达操作指令,防止误判。

二、试验步骤

(1)首先将木头等生物质料通过气化炉上方投料口投入气化炉底部,然后将酒精倒入气化炉并引燃生物质原料,此时开启炉底进风风机并调整进风量,使炉底生物质料燃烧,燃烧的生物质料形成高温熟料层,当熟料层厚度达到 25~30 cm 时,开始从气化炉顶进料口投入污泥-生物质成型原料,料层维持一定的厚度。

(2)当污泥-生物质成型原料达到一定厚度时,逐渐关闭炉底进风阀门,同时开始二次进风阀门,并维持一定进风量,此时炉内污泥-生物质成型原料开始进行气化,并缓慢开启高温风机。

(3)炉体上的热电偶可以测量热解区、燃烧区和燃尽区的温度。出气压力由出气管道的压力表测得,出气温度由高温风机前的温度表测得,高温风机后的压力表用来测量燃烧气体的压力。试验人员注意观察炉温、炉压等参数,当系统能正常连续稳定产气时,可燃气体在高温风机的作用下从气化炉底部出气管排出,高温风机经管道将可燃气体送至实验室外部燃烧装置。

(4)试验人员在系统末端点燃燃烧装置,观察火焰的燃烧情况,待燃烧正常,则打开气体采样装置进行气体样品采集,并测定燃气流速。

三、启动事项

(1)点火前先投入少量干燥木材并倒入少量工业酒精,再投入火源,并同时开启局部风扇进行水汽烟尘外排。

(2)火苗稳定后,点动炉底进风风机,打开少量开口进风蝶阀助燃。

(3)燃烧后的熟料层底部达到 250~300 mm 时,关闭炉底进风蝶阀,开启高温风机,并投入少量污泥压块原料,开启烟气出口闸阀,并缓慢开启高温风机,开启转速时应逐步上升,以不影响熟料层和污泥压块量产生反应为宜,料层高度空间应保持微负压或者零压,此时应彻底关闭炉底进风风机双向的蝶阀,此投料过程全部人工完成。

(4)如反应过程不够连续,此时开启二次进风,补充新鲜气流协助产气反应过程,此工况视反应温度来控制风量大小。

(5)反应正常即可大批量投入压块料,并注意控制反应温度。燃尽层温度≥300 ℃,燃烧层温度≥650 ℃且小于 850 ℃,气化裂解层温度≥350 ℃。

(6)水套水温度升高呈水蒸气时,少量进风,水温保持在 85~90 ℃。

(7)与试运行无关人员,观看位置经现场指挥人员安排,尽量在安全位置停留。

(8)设专人、专用表格记录炉温、炉压、气压、气温等参数,测试数据如表 5.4 所示。

(9)当烟气达到一定浓度时,在燃烧器出口使用助燃原料达到燃烧器点火成功,此工作指定专人完成。

表 5.4 污泥与生物质耦合热解气化资源化利用中试试验数据记录

记录人：　　　　　　记录时间：

序号	污泥投料量/kg	料层厚度/mm	进风量/(m³/min)	热解区温度/℃	气化区温度/℃	燃尽区温度/℃	出气负压南/kPa	出气负压北/kPa	风机出口压力/kPa	出气温度/℃	出气流速/(m/s)	出气流速量/(m³/s)
1												
2												
3												
4												
5												
6												
7												
8												
9												
10												

四、停运事项

（1）停止投炉、待炉内物质全部燃烧完毕，方可进行停炉程序的工作。

（2）停止炉底进风、待炉料完全不产气体时，打开炉顶投料口，高温风机完全没有负载才能停车，确认现场无任何燃烧问题存在的现象后，才能离开现场。

（3）紧急停运：当出现紧急情况时，应立刻关闭气化炉两侧的出气阀门以及助燃空气阀门，随后关闭高温引风机，把炉顶盖板基本盖严，车间排气风机禁止关闭。

第四节　试验结果与分析

一、试验结果

污泥热解气化高值化利用项目组在完成主体设备安装、系统安全检查、原料充分准备、人员分工协作明确的条件下，在中试基地于 2022 年 2 月 28 日开展了污泥热解气化点火试验，先后共进行了三次试验，并进行现场取样和分析测试工作。

图 5.9（a）为中试启运现场。在初始投运燃料时，运行人员将木头等生物质料通过气化炉上方投料口投入气化炉底部，然后将酒精倒入气化炉并引燃生物质原料，此时开启炉底进风风机并调整进风量，使炉底生物质料燃烧，此时热解气化炉顶部有一定烟气冒出。

由于设备第一次点火试验，气化炉底部没有熟料层，因此第一次点火正压直燃时间为 75 min，待燃烧的生物质形成高温熟料层，且熟料层厚度达到 25~30 cm 时，开始从气化炉顶进料口投入污泥-生物质成型原料，通过炉底碎渣机及放灰装置，调整料层维持一定的稳定高度后即可转为负压气化运行。

图 5.9（b）为三次中试试验热解气点火情况。通过三次点火燃烧火苗可以看出，污泥-生物质混合原料三次气化全部成功，火苗燃烧较为稳定，第一次、第二次和第三次火焰燃烧持续时间分别为 125 min、145 min 和 110 min，实践说明污泥-生物质混合原料热解气化设备可靠，运行过程基本稳定，技术工艺整体可行。

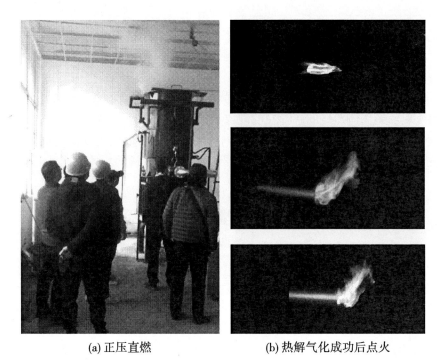

(a) 正压直燃　　　　　　　　　(b) 热解气化成功后点火

图 5.9　热解气化和燃烧过程

二、数据分析

为了控制污泥–生物质混合原料热解气化过程,炉内热解层、气化层和燃尽层分别进行了温度实时监测。图 5.10 为第一次和第二次试验不同位置温度随时间的变化规律。由图可以看出,第一次试验时,炉内初始温度为 25 ℃ 左右(室温);在正压直燃阶段(0 ~ 30 min),由于木片底料燃烧使炉温上升较快,热解层最高 400 ℃ 左右,气化层最高为 600 ℃ 左右;燃尽层温度最高 510 ℃。转入气化阶段后,炉温将逐渐趋于稳定,稳定时间达到 60 min 以上。但是至 90 min 以后,各层温度会有逐步降低趋势,主要原因是炉壁没有蓄热保温材料,水套内的水汽蒸发带走较多热量,造成高温区域热损失较大,无法长时间维持气化所需温度水平。

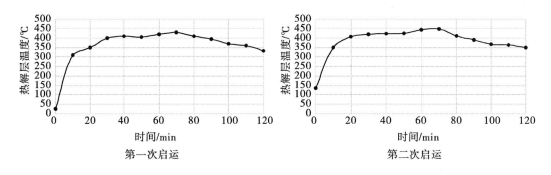

第一次启运　　　　　　　　　　　　　　第二次启运

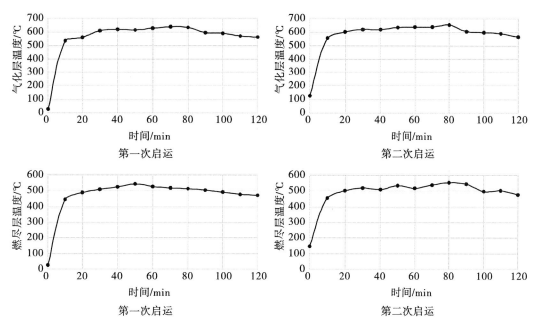

图 5.10　第一次和第二次试验炉内不同位置温度随时间的变化

表 5.5 是热解气采样的主要成分及热值分析结果。第一次试验热解气的可燃成分主要有 H_2（12.89%）、CO_2（12.19%）、O_2（2.10%）、N_2（60%）、CH_4（1.55%）、CO（10.40%）和 C_2H_4（0.34%），可燃气体占比 25.18%，低位热值 3.47 MJ/m³；第二次试验热解气的可燃成分主要有 H_2（13.86%）、CO_2（13.02%）、O_2（0.99%）、N_2（60%）、CH_4（1.86%）、CO（12.83%）和 C_2H_4（0.30%），可燃气体占比 28.85%，低位热值 3.96 MJ/m³；第三次试验热解气的可燃成分主要有 H_2（8.28%）、CO_2（13.0%）、O_2（1.50%）、N_2（60%）、CH_4（1.33%）、CO（11.11%）和 C_2H_4（0.20%），可燃气体占比 20.92%，低位热值 2.89 MJ/m³。对比三次试验，第一次试验为冷态启运，热解气热值较低；第二次试验为热态启运，启运时热解层温度为 138 ℃（如图 5.11 所示），热解气热值最高；第三次试验由于正压直燃转气化时速度较快，炉顶冷空气部分进入炉内，造成气化温度较低，使得气化效果较差，产气率最低。三次气体成分和热值均能够满足燃烧工艺的需求。

表 5.5　热解气采样主要成分及热值分析

编号	组分							热值/（MJ/m³）		空燃比
	H_2	CO_2	O_2	N_2	CH_4	CO	C_2H_6	低热值	高热值	
1	12.89	12.19	2.10	60.00	1.55	10.40	0.34	3.47	3.80	0.80
2	13.86	13.02	0.99	60.00	1.86	12.83	0.30	3.96	4.32	0.91
3	8.28	13.00	1.50	60.00	1.33	11.11	0.20	2.89	3.12	0.65

图 5.11 为三次不同试验热解气中可燃成分的对此。可以看出，相比于第一次和第三次

试验,第二次试验是在热态启运条件下进行的,正压直燃转热解气化时炉内温度控制较为稳定,产气率更高,气化效果较好,不仅对于中试设备稳定运行更为有利,同时可以节余更多的热量用于生产线的污泥烘干。

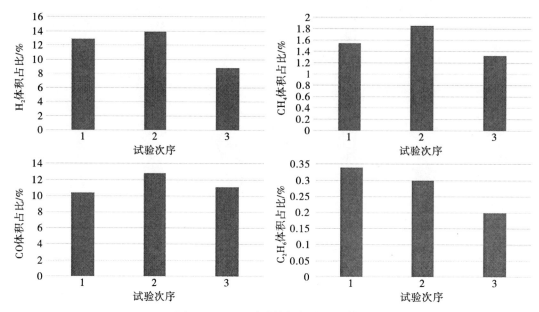

图 5.11 不同试验热解气的可燃成分

以上中试结果表明,针对市政污泥高值高效处理,项目组所采用"热力干燥+热解气化+热解气燃烧余热回收+资源化利用"的技术路线是完全可行的,该技术路线可以真正实现污泥处置过程中无害化、减量化、能源化、资源化利用,可以有力助推我国"碳达峰、碳中和"战略目标的早日实现。

三、热解气化试验主要结论

污泥-生物质混合原料热解气化高值利用项目经过室内和中试现场试验,得到如下结论:

(1)污泥在60%的含水率时,污泥中的大部分水分为结合水,这里的结合水包括空隙水、毛细水、薄膜水,这部分难以脱除。中试过程中通过添加生物质和高水分污泥进行掺混。由于生物质分散在污泥中,起到了骨架的作用,而且使污泥的透气性增加,与此同时,在制棒过程中机械加热作用也有助于水分脱除。

(2)利用生活污水处理厂污泥和生物质进行掺混,当含水率60%的污泥与含水率15%的生物质按质量比4∶1掺混后,经过制棒工艺,可以在2日内通过自然晾晒使含水量下降到20%左右,热值可达到14 630 kJ以上,低水分和高热值可为污泥的热解气化提供良好的气化条件。

(3)污泥-生物质燃料棒中可燃成分碳、氮、氢、硫、氧的含量分别为23.61%、1.56%、3.66%、1.26%、29.37%,占总量的59.46%,能有效保证热解气的热值,可为后续热解气的燃烧提供高品质可燃气。

（4）通过污泥-生物质燃料棒热解气化中试试验发现，当含水率60%污泥和含水率15%生物质掺混质量比大于等于4∶1时，污泥热解气化能够连续稳定运行，且每千克污泥-生物质混合燃料（含水率20%）的产气量约为1.4 m³。

（5）正压直燃阶段由于木片底料燃烧使炉温上升较快，热解层最高400 ℃左右，气化层最高为600 ℃左右；燃尽层温度最高510 ℃。转入气化阶段后，炉温将逐渐趋于稳定，稳定时间达到60 min以上。但是至90 min以后，各层温度会有逐步降低趋势，主要原因是炉壁没有蓄热保温材料，水套内的水汽蒸发带走较多热量，造成高温区域热损失较大，无法长时间维持气化所需温度水平。

（6）对热解气采样并进行了成分分析，热解气主要成分为 H_2（12.89%）、CO_2（12.19%）、O_2（2.10%）、N_2（60%）、CH_4（1.55%）、CO（10.40%）和 C_2H_4（0.34%），热解气的低位热值为3.47 MJ/m³，高位热值为3.8 MJ/m³，气体成分和热值能够满足燃烧工艺的需求。对比三次试验，第一次试验为冷态启运，热解气热值较低；第二次试验为热态启运，启运时热解层温度为138 ℃，热解气热值最高；第三次试验由于正压直燃转气化时速度较快，炉顶冷空气部分进入炉内，造成气化温度较低，使得气化效果较差，产气率最低。三次气体成分和热值均能够满足燃烧工艺的需求。

（7）相比于第一次和第三次试验，第二次试验是在热态启运条件下进行的，正压直燃转热解气化时炉内温度控制较为稳定，产气率更高，气化效果较好，不仅对于中试设备稳定运行更为有利，同时可以节余更多的热量用于生产线的污泥烘干。

（8）中试试验结果表明，对污泥-生物质混合物料处理采用"热力干燥+热解气化+热解气燃烧余热回收+资源化利用"的技术路线是完全可行的，该技术路线可以真正实现污泥处置过程中无害化、减量化、能源化、资源化利用，助推我国"碳达峰、碳中和"战略目标的早日实现。

▲ 本章小结 ▲

本章设计了一种适用于市政污泥与生物质耦合燃料的热解气化炉和低热值气体燃烧装置，开展了污泥与生物质协同热解气化试验，试验研究了耦合原料气化产率、气体成分、气体热值和气化灰渣特性等参数随气化温度、气化压力的变化规律。通过污泥-生物质燃料棒热解气化中试试验发现，当含水率60%污泥和含水率15%生物质掺混质量比大于等于4∶1时，污泥热解气化能够连续稳定运行，且每千克污泥-生物质混合燃料（含水率20%）的产气量约1.4 m³，热解气低位热值3.47 MJ/m³。对比三次试验，第一次试验为冷态启运，热解气热值较低；第二次试验为热态启运，启运时热解层温度为138 ℃，热解气热值最高，第三次试验由于正压直燃转气化时速度较快，炉顶冷空气部分进入炉内，造成气化温度较低，使得气化效果较差，产气率最低，三次气体成分和热值均能够满足燃烧工艺的需求；相比于第一次和第三次试验，第二次试验是在热态启运条件下进行的，正压直燃转热解气化时炉内温度控制较为稳定，产气率更高，气化效果较好，不仅对于中试设备稳定运行更为有利，同时可以节余更多热量。污泥与生物质协同热解气化试验结果，确保了耦合原料在热解气化炉内高效气化和低热值热解气在燃烧装置中燃烧充分，提高了污泥热解气化的热能利用综合效率，保证了污泥热解气化和整个处理系统的稳定性和连续性。

第六章 碳硅分离与活性炭制备技术研究

污泥气化副产物如能进一步利用,则可以有效提高污泥资源化价值。为此,设计了一种污泥气化灰渣的资源化利用工艺流程,并基于重力分选理论开发了一种高效的碳硅分离机,实现了污泥气化灰渣的富碳成分和富硅成分的有效分离,整个系统工艺无任何固废排放,且实现了污泥最大程度的资源化利用。该技术侧重对气化产物进行活性炭制备技术研究,并对制取的关键降灰技术、活化技术进行研究。

第一节 碳硅分离技术研究

污泥热解气化剩余的炭灰进行分选富集并深度材料化制备活性炭,对于提高污泥资源利用效率具有重要意义。污泥热解炭灰具有低碳高灰特点,其主要化学组成主要为有机碳、硅铝等黏土组分,二者存在密度差,选用流化床干法分选技术不仅理论可行,而且工艺简单、能耗低、无二次污染等特点,具备其他技术无法比拟的优势。但是,炭灰的碳含量较低且粒度较细,无粒度效应,传统流化床分选技术很难达到较高分选效率。

结合市场现有碳硅分离技术现状,提出新型干法流态化分选技术对气化渣进行分选,该技术无须用水,流程简单,有较好的应用前景;在总结流化床现有分选特点基础上,项目拟设计一款高效分选机,该机具备二次分选效应,对低碳高灰细粒泥渣具有较好分选效果。

碳硅分离技术主要是基于重力分选和风力分选原理,以空气为分选介质,在气流作用下使固体废物颗粒按密度和粒度差异进行分选。

一、试验模型

研制的气固流化床分选机结构如图6.1所示。

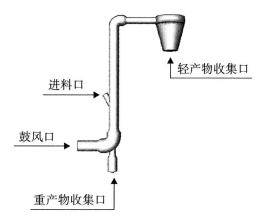

图 6.1 气固流化床分选机结构

如图 6.1 所示,该机主要包括一次鼓风口、进料口、轻产物收集口和重产物收集口,结构简单,内部无任何动力装置,能耗低。分选过程为:气流从鼓风口进入,向风选管内通入稳定气流,在上升管道内使轻重产物开始分离,轻产物成为溢流被带入气流缓沉区从轻产物收集口收集,重产物成为底流在重产物收集口收集。

二、试验方法

项目在前期对该装置进行理论研究探究分选过程,以高的分选效率为评价指标,重点优化流速及粒度等参数。具体模拟方法为:采用 Mesh 对整个流体域进行四面体结构化网格划分(见图 6.2),畸变度 skiness 平均值为 0.22,最高值为 0.79;选用 Realizable k-epsilon RANS 模型,使用 DPM 对粒子运动轨迹进行计算;模拟中碳基质及高灰矿矿颗粒密度分别为 1 200 kg/m^3、1 800 kg/m^3;模拟变量分别为粒度、风速及混合比,通过考察模拟中粒子运动轨迹及试验中收集重产物的成分组成评价该装置的优劣。

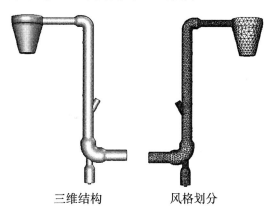

三维结构   风格划分

图 6.2 模拟设置

三、试验结果与讨论

1. 粒度对于分选效果的影响

在粒子为 0.045 ~ 0.074 mm 的条件下,模拟风速分别为 0.15 m/s、0.2 m/s、0.25 m/s 条件下颗粒的分选情况,模拟结果如图 6.3 所示。

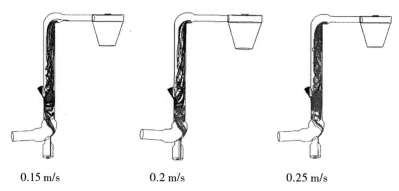

0.15 m/s　　　　　　0.2 m/s　　　　　　0.25 m/s

图 6.3　0.045 ~ 0.074 mm 粒度级不同风速下的模拟效果

图 6.3 表明,在当前粒级的设置下,虽然有可能将粒级分开但因颗粒过小,不同颗粒之间因密度导致的重量差异过小,因此会出现大量的掺杂现象。并且由于重量较轻,导致分选时风速较小,颗粒速度不够,无法正常从轻产物出口排出。而当粒度增大到 0.15 mm 时,粒子可以成功地从轻产物出口排出,如图 6.4 所示。

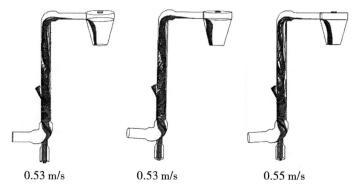

0.53 m/s　　　　　　0.53 m/s　　　　　　0.55 m/s

图 6.4　0.105 ~ 0.15 mm 粒度级不同风速下的模拟效果

图 6.4 表明,当风速达到 0.53 m/s 时,虽然有部分低密度粒子从轻产物处理收集口排出。但是大多数低密度粒子与高密度粒子一起,从重产物收集口排出。而当风速达到 0.536 5 m/s 时,虽然有部分低密度粒子从重产物收集口排出,但绝大部分低密度粒子是从轻产物收集口离开的,并且几乎没有夹杂高密度粒子。当再次增加风速时,我们可以清楚地看到,虽然从重产物收集口离开的低密度粒子有所减少,但是同时也使部分高密度粒子夹杂到低密度粒子中从轻产物出口排出。从中我们可以得知,当风速达到合适值时,此装备能够

对颗粒筛选起到一定的作用。而当颗粒继续增大时,我们可以清楚地看到,此次分选机对颗粒分选具有明显的效果。如图6.5所示。

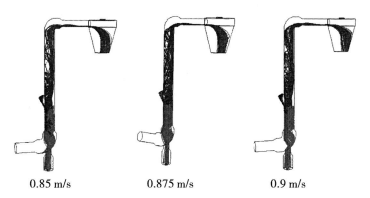

0.85 m/s　　0.875 m/s　　0.9 m/s

图6.5　0.15~0.2 mm 粒度级不同风速下的模拟效果

图6.5表明,当颗粒增大到0.15 mm以上时,分选机对颗粒的分选效果非常明显。同时也可以从图中看出,颗粒对风速变化十分敏感,风速小于0.875 m/s时,部分低密度颗粒因流速过小,从重产物收集口落下。在流速为0.875 m/s时,分选效果非常好,低密度离子全部从轻产物收集口排出,同时高密度离子也全部从重产物收集口排出。因此在对样品进行处理时,应避免研磨时间过长,对分选效果产生较大的影响。

2. 配比对分选效果的影响

在实际分选过程中不可能所有的配料比都是1:1,进一步对不同情况下的配料比进行模拟,见图6.6~图6.8。

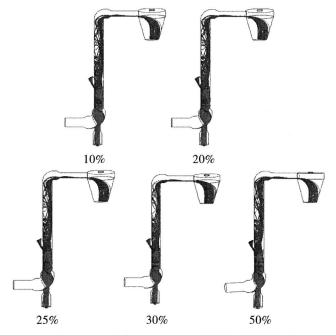

10%　　　　　20%

25%　　　30%　　　50%

图6.6　风速为0.85 m/s时不同配比的模拟效果

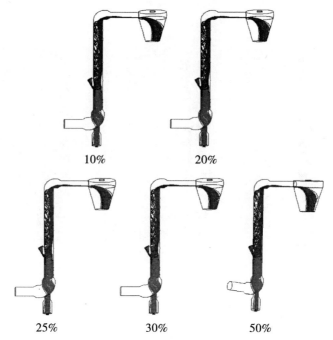

图6.7　风速为 0.875 m/s 时不同配比的模拟效果

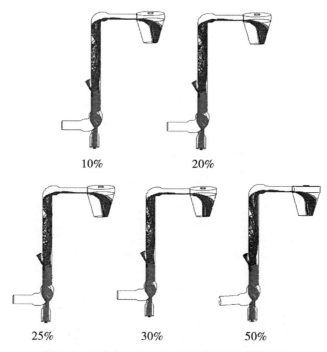

图6.8　风速为 0.9 m/s 时不同配比的模拟效果

图 6.6 到图 6.8 对比可以看出,粒级在 0.2 ~ 0.15 mm 之间时,在当前所设置的不同配比与风速的条件下,分选效果不会产生明显变化。分析可得:在此粒度下,由于不同颗粒之间密度差异较大,导致重量差异明显。所以即使配比与风速发生小范围变化,依然可以得到较好的分选效果。在此粗粒级的情况下分选效果较好。

第二节　富集碳源制备活性炭试验研究

根据富集产品的基本性能指标(如表 6.1 所示),采取如下工序进行处理:富集碳源经钛白废酸活化后进行烘干,然后管式炉中 N_2 保护 1 200 ℃进行炭化处理 1 h,盐酸去离子水反复清洗,干燥过筛得到活性炭产品。具体工艺流程见图 6.9。

表 6.1　污泥的性能指标

指标	含水率/%	pH	挥发分固体含量/%	灰分含量/%
数值	76.3	6.82	59.9	40.1

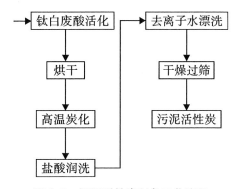

图 6.9　污泥活性炭制备工艺流程

污泥活性炭表现出的极强的吸附性能主要是因为其具有较大的比表面积和较为发达的孔隙结构。为此,本试验采用美国麦克仪器公司的 ASAP2020 型比表面和孔径分析仪于 77.3 K 下以氮气作吸附气,对制得活性炭比表面积和孔容积进行表征。N_2 吸附-脱附等温线如图 6.10 所示。

按照国际理论与化学联合会(IUPAC)对众多吸附等温线的分类,结合图 6.10 可以看出,N_2 吸附等温线符合Ⅱ型等温线。在 p/p_0 较低时,吸附等温线呈现向上凸的趋势,其拐点 A 指示单分子层的饱和吸附量,此处表示单分子层吸附的完成,多层吸附的开始。随着 p/p_0 的增加,第二层开始形成,当达到饱和蒸汽压时,吸附层数为无限大。由此可推测,N_2 在活性炭表面发生了多层吸附。在接近曲线的尾端,从 B 点开始,吸附量呈现快速增长趋势。最佳制备工艺条件下制得的产品的比表面积与孔容积见表 6.2。

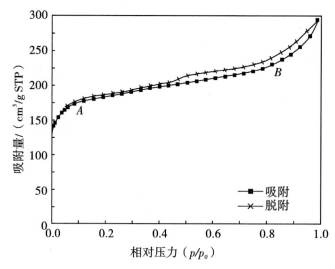

图 6.10 N_2 吸附-脱附等温线

表 6.2 SAC 的比表面积与孔容积

样品	比表面积/(m²/g)	孔容积/(cm³/g)
活性炭	753.76	0.475 7

一、元素分析

污泥活性炭极强的吸附性能不仅与其发达的孔隙结构和丰富的表面含氧官能团有关,还与其化学组成有着密不可分的关系。为了更全面的了解相关性能,本试验对其主要元素进行了分析。活性炭中所含元素采用德国 Elementar 公司的 vario ELCUBE 元素分仪进行测定,结果如表 6.3 所示。

表 6.3 元素含量

元素	C	H	O	N	S
含量/%	35.32	1.898	9.63	3.14	0.916

从表 6.3 中可以看出,该污泥活性炭主要由 C、H、O、N、S 等元素组成,而这些元素对污泥活性炭的表面化学性能具有重要影响。

二、扫描电镜分析

采用扫描电子显微镜对干污泥样品和污泥活性炭进行放大对比观察,结果如图 6.11 所示。从图中可以看出,污泥样品经放大后,表面较为平整,几乎看不到任何孔隙,而污泥活性炭能明显看出表面呈现凹凸不平和不规则的孔隙结构,这也预示着经钛白废酸活化炭化后制得的活性炭具备较强的吸附性能。

(a)污泥×1 000　　　　　　　　(b)活性炭×1 000

(c)污泥×10 000　　　　　　　　(d)活性炭×10 000

图6.11　污泥与污泥活性炭产品的 SEM

三、红外光谱分析

红外光谱是一种对化学基团进行定性与半定量分析的可靠手段。由钛白废酸活化制备的污泥活性炭的红外光谱图如图6.12所示。

从图6.12中可以看出,污泥活性炭在3 200~3 500 cm^{-1}处可以看到有明显的吸收峰,这可能是由酚、醇的羟基（—OH）以及—NH$_2$、—NH 的伸缩振动引起的;1 600~1 700 cm^{-1}处出现了 C＝C、C＝O 吸收峰;1 380~1400 cm^{-1}处出现了 C—H 吸收峰;1 030~1 100 cm^{-1}处出现了 C—OH 吸收峰;而450~550 cm^{-1}之间的吸收峰则主要是因为无机物的存在所致。可以看出,经钛白废酸活化、炭化后制备出的污泥活性炭其主要元素结合成为 C＝C、C＝O、—NH$_2$、—NH、C—OH 等基团,形成了污泥活性炭的表面功能组。

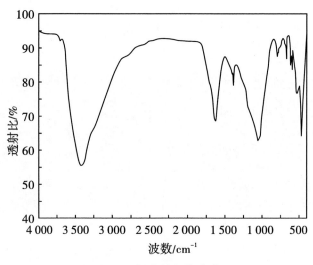

图 6.12　SAC 的红外光谱图

第三节　污泥与生物质耦合原料活性炭吸附试验研究

一、pH 和活性炭用量的影响

研究了在 35 ℃、pH 为 1.0 ~ 9.0 的条件下,活性炭对 Cr^{6+} 的吸附。图 6.13 显示了溶液的 pH 值对 Cr^{6+} 的影响与初始吸附 Cr^{6+} 浓度为 50 mg /L 和接触时间 90 min。吸附容量急剧下降随着 pH 值从 4 到 9,表明 Cr^{6+} 的去除是强烈影响溶液的 pH 值。当溶液 pH = 9 时,Cr^{6+} 的去除率仅为 22%,而当溶液 pH = 6.0 时,Cr^{6+} 的去除率超过 82%。进一步提高溶液的酸度,Cr^{6+} 的去除率更高,pH 值为 1.0 时,Cr^{6+} 的去除率达到 98%。吸附剂中的表面官能团和金属溶液的化学性质与 pH 值高度相关,pH 值对金属吸附能力有很大影响。在强酸性条件下,Cr^{6+} 的去除率较高,但会对环境造成酸性污染。因此,吸附试验的最佳 pH 值为 6。

在 35 ℃下考察了吸附剂用量的影响,结果如图 6.14 所示。结果表明,随着吸附剂用量的增加,Cr^{6+} 的去除率增加。当活性炭用量从 0.05 g/50 mL 增加到 0.2 g/50 mL 时,Cr^{6+} 的去除率从 36% 提高到 98%,主要原因是吸附 Cr^{6+} 的活性位点增加,进一步增加吸附剂的用量没有任何效果。

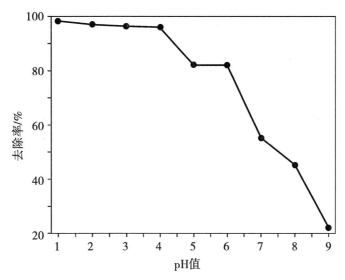

图 6.13 初始溶液 pH 值对 Cr^{6+}去除率的影响

体积 50 mL;搅拌速度 120 r/min;HTC 用量 4 g/L

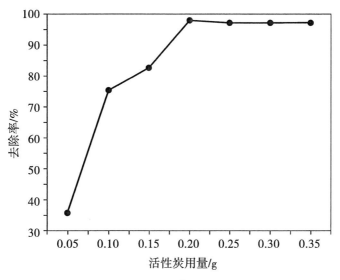

图 6.14 投加量对 Cr^{6+}去除效果的影响

pH 值 6;体积 50 mL;搅拌速度 120 r/min;Cr^{6+}浓度 50 mg/L;接触时间 90 min

二、Cr(Ⅵ)初始浓度及反应时间的影响

在 35 ℃、pH 为 6、Cr^{6+}初始浓度为 30~90 mg/L 时,研究了活性炭的吸附性能,结果如图 6.15 所示。活性炭用量和接触时间分别保持在 0.2 g/50 mL 和 90 min。可以看出,随着

Cr^{6+} 浓度的增加,活性炭的去除率和吸附能力都有所提高。而当 Cr^{6+} 浓度高于 50 mg/L 时,去除率逐渐降低。当 Cr^{6+} 浓度较高时,吸附达到饱和,解吸速率高于吸附,限制了吸附速率。

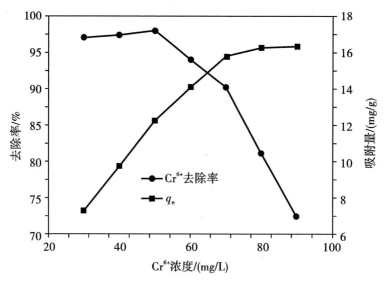

图 6.15　Cr^{6+} 初始浓度对 HTC 上 Cr^{6+} 吸附能力的影响

图 6.16 为相同试验条件下,接触时间对 Cr^{6+} 初始浓度为 50 mg/L 水溶液吸附 Cr^{6+} 的影响。可见,吸附过程在小于 150 min 内达到平衡,进一步增加接触时间对吸附效果影响不大。150 min 内 Cr^{6+} 解吸率接近 98%,吸附量达 12.29 mg/g。

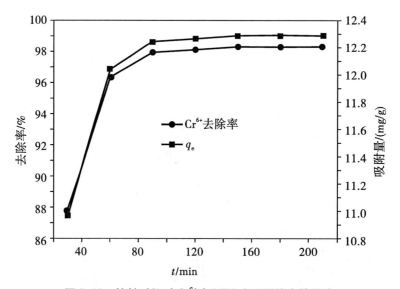

图 6.16　接触时间对 Cr^{6+} 在 HTC 上吸附能力的影响

三、吸附动力学分析

对吸附动力学进行了研究,揭示了吸附速率和控制吸附机理。拟合试验数据常用伪一阶模态[式(6-1)]和伪二阶模态[式(6-2)]:

$$\ln(q_e - q) = \ln q_e - k_1 t \tag{6-1}$$

$$\frac{t}{q} = \frac{1}{k_2 q_e q_e} + \frac{1}{q_e} \tag{6-2}$$

式中,k_1为准一级模型的速率常数,min^{-1},k_2为准二级模型的速率常数,$g/(mg \cdot min)$;q_e和q分别为平衡时单位质量的吸附量和任意时刻t的吸附量。试验数据及两方程拟合结果如图6.17所示,拟合的7个动力学参数如表6.4所示。

从图6.17和表6.4可以看出,两种模型对数据拟合良好,模型中计算的吸附量与试验吸附量基本吻合较好。拟二阶模态的相关系数(R^2)值高于拟一阶模态。R^2值通常用来表示试验数据与拟合的一致性,但对于某一特定的动力学模型,较高的R^2值并不一定意味着该模型是最好的。Cr^{6+}在活性炭上的吸附可能更符合准二级动力学模型。

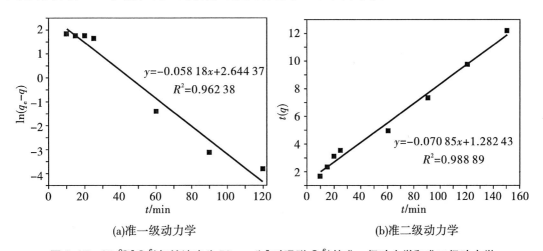

(a)准一级动力学   (b)准二级动力学

图6.17   35 ℃[Cr^{6+}初始浓度为50 mg/L]时吸附Cr^{6+}的准一级动力学和准二级动力学

表6.4 Cr^{6+}吸附动力学参数

符合一级动力学模型				符合二级动力学模型		
q_e/exp(mg/g)	q_e/[cal(mg/g)]	k_1/(min^{-1})	R^2	q_e/[cal(mg/g)]	k_1/[g/(mg·min)]	R^2
12.29	14.07	0.06	0.96	14.11	0.004	0.99

▲ **本章小结** ▲

本章针对污泥与生物质热解气化炭灰制备活性炭技术进行研究,分析了影响碳硅分离、炭活化和制取高附加值活性炭的关键因素,设计了一种适用于气化灰渣碳硅分离和碳活化的设备,并将制备的活性产品在废水吸附中进行吸附性试验,对其应用技术可行性进行评价。取得结果如下:

(1)设计的低碳高灰分选机可有效降低气化污泥渣的灰分,提高碳源富集效率,经分选后产品的灰分值为40.1%、含碳率为35.32%。

(2)高温制备活性炭技术可行,其活性炭产品比表面积可达753.76 m^2/g,形成了更多的 $C\!=\!C$、$C\!=\!O$、$-NH_2$、$-NH$、$C-OH$ 等基团,形成了污泥活性炭的表面功能组。

(3)活性炭对 Cr^{6+} 的去除率在最优参数下可达到98%,吸附量达12.29 mg/g,证实了其制备活性炭技术的可行性。

第七章　中试成套装备研制与试验研究

为了进一步验证污泥与生物质高效耦合资源化利用技术可行性和设备可靠性,在首台(套)工业化设备研制及应用之前,提前开展了污泥与生物质高效耦合资源化利用成套技术及装备的中试研究。为此,河南理工大学和河南建博环保科技研究院有限公司联合建立了污泥与生物质高效耦合资源化利用中试研发基地,中试设计规模为日处理污泥与生物质干基原料3.6 t/d,即每小时处理污泥与生物质原料150 kg,中试基地地点设在河南理工大学。

由于污泥存在含水率高、热值低、灰分高等特点,对其进行资源化、能源化、无害化、稳定化处理的难度较大,而热解气化、热解气燃烧、碳硅分离及活性炭制备是其中的四项核心技术;即使在添加生物质条件下,耦合原料经热解气化、碳硅分离及活化工艺制备出高附加值活性炭均属于技术原创,因此有必要对上述核心技术进行中试验证;相对而言,污泥处理过程中的干燥、烟气净化属于相对成熟的技术,故在中试环节暂不考虑。由此,本次中试试验包括污泥与生物质耦合原料热解气化、热解气燃烧、碳硅分离及活性炭制备关键技术验证,以及系统设备安全性、稳定性及经济性的全方位性能测试。

第一节　中试系统设计

一、中试技术路线

中试采用"热解气化+热解气燃烧+碳硅分离+物理活化"的核心技术路线。工作流程为:首先将污水处理厂的出厂污泥,采用添加机械压榨方法将其含水率降低至60%左右,然后将污泥和生物质(中试采用花生壳)按照一定比例掺混,制棒,并通过自然晾晒将其含水率降低至20%左右;之后送入污泥热解气化炉中进行高温处理,热解气化反应器选取下吸式固定床反应器,保证污泥与生物质耦合燃料热解气化系统的稳定性;然后将热解气化产生的高温热解气和高温气态热解焦油,通过高温风机送入燃烧器产生高温烟气;热解气化剩余的固体颗粒送至碳硅分离器进行碳硅分离,其目的是分选出富碳炭灰和富硅炭灰,富碳炭灰用于制备高附加值的活性炭,富硅炭灰制备建材用轻骨料。

中试采用自主研发的下吸式固定床热解气化炉,下吸式热解气化原理和热量平衡计算如图7.1所示,其工艺特点为:①下吸式热解气化炉的热能转化效率高,保证了气化中心温度处于800 ℃左右,焦油能够高温裂解,能量转化效率超过85%以上;②系统运行稳定强,可根据热解气化炉内气化运行状况进行风量与水蒸气的主动调控,设备运行稳定更强;③物理显热可以高效利用,高温热解气、少量焦油及含碳颗粒无须降温,直接送入燃烧炉中燃烧,充分利用燃气潜热和显热,飞灰残炭量低;④下吸式气化炉的热解气必须经过高温灰渣层进一步热解、过滤,因此热解气中的水蒸气、焦油量、炭灰温度均更低,热解气化气体品质更好,炭灰热能损失较少(如图7.2所示)。

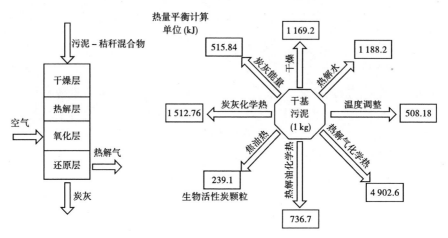

图7.1　下吸式热解气化原理和热量平衡计算

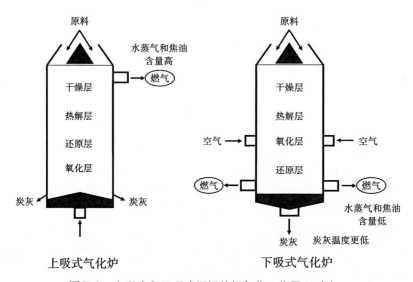

图7.2　上吸式和下吸式污泥热解气化工作原理对比

二、中试平面布置

中试在河南理工大学校内进行。中试场地 10 m×15 m,中试平面布置如图7.3所示。

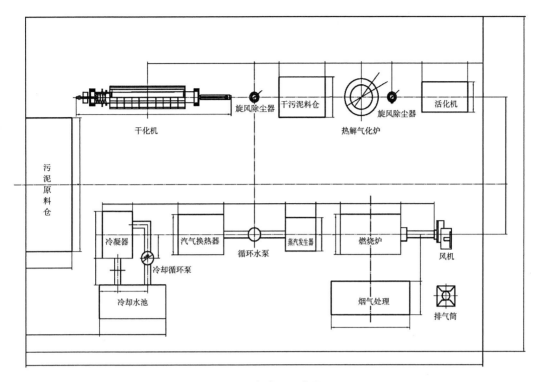

图 7.3　中试平面布置图

三、中试参数计算

中试设计按原泥处理量 150 kg$_{干基污泥}$/h、含水量 60% 为基准,设计计算过程如表 7.1 和表 7.2 所示。

表 7.1　污泥–生物质物料设计数据

名称	符号	依据	数值	单位
干基处理量	m_d	—	150	kg/h
初始含水率	γ_{w1}	—	0.6	—
烘干前质量	m_{s1}	$m_d/(1-\gamma_{w1})$	375	kg/h
烘干后含水率	γ_{w2}	—	0.2	—
烘干后质量	m_{d2}	$m_d/(1-\gamma_{w2})$	187.5	kg/h
水分蒸发量	m_w	$m_{s1}-m_w$	187.5	kg/h

表7.2　热解气化计算参数

名称	符号	依据	数值	单位
气化热解产气率	τ	—	1.50	$Nm^3/kg_{干基污泥}$
气化热解气流量	q_g	$m_d \times \tau$	225.00	Nm^3/h
气化热解气温度	T_g	—	500.00	℃
气化热解气热值	λ	—	3 558.00	kJ/Nm^3
气化热解气热量	Q_g	$q_g \times \lambda$	800 572.50	kJ/h

第二节　中试装备研制

一、热解气化炉

(一)热解气化炉结构及工作原理

污泥具有含水率高、热值低、灰分高的特点,生物质具有含碳量高、热值高的特点。为避免传统污泥的处理方式对于环境的危害,将污泥和生物质混合后通过下吸式热解气化炉对混合物料进行处理,从而实现资源利用最大化。然而,现有的热解气化炉在使用过程中,需要将混合物料通过上料斗投放入气化炉中,当一次性上料过多时,混合物料容易堆积在上料口,进而容易影响上料效率,且物料在投放时黏结到炉体上,容易使物料热解气化不充分;另外,物料热解气化后形成的炭灰堆积在气化炉底端,在清理炭灰时较不方便。表7.3列出了不同热解气化炉炉型特点。

表7.3　不同热解气化炉炉型特点

特点	上吸式固定炉	下吸式固定炉	鼓泡流化床	循环流化床
原料适应性	适应不同形状尺寸、含水量15%～45%原料稳定运行	大块原料不经预处理可直接使用	原料尺寸控制较严,需预处理过程	能适应不同种类的原料,但要求为细颗粒,原料需预处理过程
燃气特点	H_2 和 C_nH_m 含量少,CO_2含量高,焦油含量高	H_2含量高,焦油经高温区裂解,含量减少	产气量大,焦油较少,燃气成分稳定,后处理过程简单	焦油量少,产气量大,气体热值比固定床气化炉高40%左右

续表 7.3

特点	上吸式固定炉	下吸式固定炉	鼓泡流化床	循环流化床
设备实用性	生产强度小,结构简单,加工制造容易	生产强度小,结构简单,容易实现连续加料	生产强度是固定床的4倍,故障处理容易,维修费用低	单位容积生产能力最大,故障处理容易,维修费用低
安全稳定性	工作安全、稳定	安全、稳定	负荷调节幅度受气速的限制	负荷适应能力强,启动、停车容易

与其他炉型相比,下吸式固定床热解气化炉具有以下特点:①转化效率高,保证了气化中心温度处于 800 ℃左右,焦油能够高温裂解,能量转化效率超过 85% 以上;②运行稳定强,可根据炉内气化状况进行风量与水蒸气的主动调控,同时焦油析出量较少,设备运行稳定更强;③显热高效利用,高温热解气、少量焦油及含碳颗粒不需降温,直接燃烧,充分利用燃气潜热和显热,飞灰残炭量低。

下吸式固定床热解气化炉工作原理如图 7.4 所示,污泥(含水率 20% 左右)由上部加入,依靠重力逐渐由顶部移动到底部,炭灰由底部排出;空气作为气化剂在热解气化炉中部的氧化层加入,热解气由还原层下部析出。

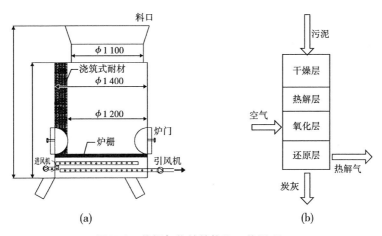

图 7.4 热解气化炉结构和工作原理

污泥与生物质混合物料的下吸式热解气化炉,进气机构启动,进而在促进物料燃烧的同时可以带动排料机构转动,排料机构可以将燃烧后产生的炭灰排出主体机构内,进而便于操作人员对炭灰进行处理,吸风机构的设置,进而便于将燃烧物料产生的可燃性气体排放出去,即打开进气调节阀,通过鼓风机将气体通过进气管排入旋转轴上,旋转轴上等距设有若干个进风孔,旋转轴上固定连接有第一齿轮,第一齿轮上啮合有第二齿轮,第二齿轮上连接有第一电机,打开第一电机的控制开关,第二齿轮转动带动第一齿轮转动,旋转轴随第一齿轮转动,旋转轴上固定连接有转盘,转盘上固定连接有搅拌爪,搅拌爪上固定安装有拨灰板,旋转轴带动转盘转动,进而使转盘带动搅拌爪转动时对混合物料进行搅拌,进而便于使物料可以充分燃烧,拨灰板转动,可以将燃烧后产生的炭灰拨入到排灰口内,排灰口与炉体上固定安装的储灰箱连通,储灰箱上固定连接有排料斗,由于储灰箱内部呈斜面设置,进而便于使炭灰通过排料斗从储灰箱内部排出,从而有利于提高操作人员对炭灰的清理效率,一定程度上也有利于减少处理炭灰的操作步骤;打开吸风机,混合物料在燃烧时产生的可燃性气体可以通过排气口排放到吸风管内,吸风管与炉体之间固定连接,且吸风管上连接有变径管,气体在吸风机的作用下通过吸风管和变径管排向吸风管出口,进而便于提高能源的转化效率。

污泥热解气化工艺是指在缺氧的条件下,污泥发生热解气化化学反应,生成可燃气体和排出炭灰的过程。污泥由进料系统进入下吸式固定床热解气化炉。具体工作原理:污泥在下吸式固定床热解气化炉内共经历干燥层、热解层、氧化层、还原层四个反应过程。干燥层主要完成水分部分脱除;热解层主要完成挥发分的热分解,挥发性物质与碳的不完全燃烧和部分大分子挥发性物质的二次裂解;原料的干燥和热解产物全部通过氧化层参与二次反应,所产生的焦油经过高温氧化区,一部分参与氧化反应,一部分在高温作用下发生二次裂解,转化为小分子气态可燃物;二氧化碳和水蒸气在还原层与碳发生还原反应,最终得到含一氧化碳、氢气、甲烷、二氧化碳和氮气的混合气体,还原后的高温燃气直接排出炉外。

下吸式热解气化炉的反应温度越高,中间产物的二次裂解反应越彻底,且产气速率随热解温度的升高显著增大;以制取热解油为目的的热解温度不超过 500 ℃,而以制取热解气为目的的热解气化温度在 800 ℃ 左右,800 ℃ 高温热解气中可燃性组分含量可达 60% 以上。需要热解气燃烧用于污泥的热力干燥,因此主要以制取热解气为目的,热解气化中心温度控制在 750 ~ 850 ℃ 范围。

下吸式热解气化过程中,由于气化温度高达 850 ℃,未挥发的重金属被牢牢固化在流化的无机硅酸盐晶体结构中,酸碱条件下均不会溶出;而易挥发重金属 Zn 和 Pb 随可燃气燃烧、除尘后被固化在飞灰基质中。因此,污泥热解气化后剩余炭灰的重金属含量可以得到明显降低。

(二)热解气化试验注意事项

1. 运行前准备工作

设备是否正常,阀门开启灵活,电器接线无裸露、脱落仪表,仪器无损,显示正常;检查润滑油油表,设备各连接无松动;无异常开启空车试选行一下;排渣轮上部预留约 5 cm 的干烧泥沙,防止烧过的底料高温流失,起到垫底的作用。

2. 辅助安全措施

试验应穿戴好工作服、防护手套,避免皮肤与高温外表产生接触,避免烫伤;各处设备的开关阀门开启的程序,应服从组织实施的调度指令;当试验完成以后,现场必须仔细检查,不得留有任何残留火种,确认无异常后关闭电源总阀。

二、热解气燃烧系统

热解气化炉输出的可燃气在高温状态下直接送入燃烧炉(如图 7.5),在高温燃烧器内完全燃烧。高温热解气的主要成分是 CO、H_2、CH_4、C_nH_m 等,为确保燃烧稳定,高温燃烧器内设置有蓄热挡火墙;采用多级配风,利用一部分干化气体,既可满足不同负荷条件下的燃烧需求,又通过高温燃烧处理了污泥干化后的气体;系统工艺简洁,高温气化气直接燃烧,能量转化效率高。

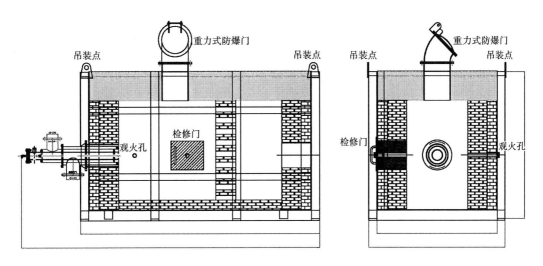

图7.5　热解气燃烧炉结构设计

燃烧炉设计计算:根据计算,每小时 50 kg$_{干基污泥}$-生物质耦合燃料可以产出可燃气体 75 m³,燃烧产生烟气量(工况温度 1 100 ℃)≈700 m³/h,可燃气体燃烧后可以产生的热量 2.508×10⁵ ~ 3.344×10⁵ kJ/h,气体燃烧后产生的高温烟气需要的炉膛容积 1.56 ~ 2.0 m³;选用燃烧器(烧嘴)直径 300 ~ 400 mm,燃烧器长度≈1 100 ~ 1 300 mm;燃烧所需炉体的内部结构尺寸为 2 000×750×1 200≈1.80 m³,保证烟气在炉内的滞留时间>2 s。燃烧炉结构尺寸如图7.6所示。

图7.6　热解气燃烧炉实物图

热解气燃烧工作过程:污泥在热解气化炉里热解气化后,产生 350 ℃左右的高温合成气,在高温风机的压力作用下,进入燃烧炉燃烧。燃烧炉从内墙到外墙依次由耐火材料、隔热材料、保温材料等砌筑而成;燃烧炉内部设置蓄热墙,可以保证炉内稳定的高温约

1 100 ℃,确保燃烧炉的稳定燃烧,并可以延长烟气在炉内的停留时间,使可燃气体在炉子内部充分的燃烧;合成气中携带的焦油在高温炉内充分燃烧,未完全燃烧的焦油触碰到蓄热墙后,也会被阻挡燃烧,提高了焦油的燃烧效率,极大地减少了焦油随烟气的外排量。

三、碳硅分离装置

碳硅分离装置的设计目的是在实现污泥减量化的前提下,以较低的成本实现污泥的无害化和资源化,工作原理:污泥经热解气化后产生的炭灰进入缓冲仓,再通过干法分离的方法,将富碳成分和富硅成分分离,从而实现高热值成分的富集,为后续富碳成分和富硅成分的分级资源化利用提供原料。

碳硅分离属于干法物理分选,目的主要是为后续富碳成分和富硅成分的分级资源化利用提供优质原料。在碳硅分离工作过程中,主要是通过富碳成分和富硅成分在空气流场(或磁场)中因两者的密度(或磁性)不同(富碳成分密度小,富硅成分密度大)而实现分离富集,富集效率受来料性质影响较大,而实验室模拟炭化产生的物料其粒度、密度组成与实际工况有本质差异,设计的分选系统在主要结构确定的前提下,需要根据实际情况确定其分选路径。

经过降灰提质机的干法物理分选工艺,可将气化炭化分为两部分。富碳成分作为活性炭的制备原料进入活化炉进行物理活化。干法物理分选产生的另外一部分物料是富硅成分,主要含有二氧化硅、三氧化二铝、氧化铁及氧化钙等组分,该部分用作制备发泡混凝土或是生产水泥的骨料。

碳硅分离装置结构和实物图如图 7.7 所示。顶部设有出口管,顶部出口管上安装有顶部收集管,顶部收集管上固定连接有炭灰分离管,炭灰分离管上固定连接有底部收集管;顶部出口管、顶部收集管、炭灰分离管和底部收集管组合后统称为分离管,顶部收集管上插接有炭灰管本体,所述顶部出口管上设有顶部出口处,顶部出口处设置有负压风机,底部收集管上设有底部出口。

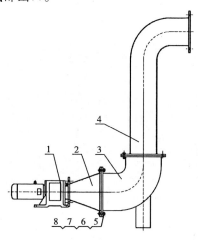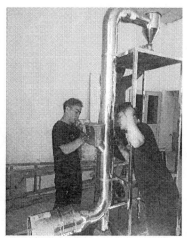

1—变频风机;2—收缩管;3—分离管;4—直管段;5—螺丝;6——级垫片;7—二级垫片;8—螺母

图 7.7　碳硅分离装置结构和实物图

该设备在运行时,需要在顶部出口处设置负压风机,将空气从底部出口吸入,在分离管内形成稳定的向上流场,进行炭灰分离时,炭灰通过炭灰管本体进入分离管内部,到达炭灰分离管,从而进行分离,密度较大的富硅成分,最大沉降速度大,在炭灰分离管中下沉,从底部出口处流出,密度较小的富碳成分,最大沉降速度小,在流场作用下向上运动,从顶部出口处流出,完成碳粉分离过程,可以实现污泥减量化的前提下,以较低的成本实现污泥的无害化和资源化,污泥经热解气化后产生的炭灰进入缓冲仓,再通过干法分离的方法,将富碳成分和富硅成分分离,从而实现高热值成分的富集,为后续富碳成分和富硅成分的分级资源化利用提供优质原料。

四、活化工艺及设备

活化工艺采用物理活化法(二氧化碳和水蒸气作为活化剂),活化温度800 ℃,活化时间2 h,其中二氧化碳和水蒸气活化剂可以从污泥热解气化阶段和干燥脱水阶段分别倒入活化炉中,以回收热量和节约生产成本。此外,需要说明的是,经过调研,目前活性炭制备过程均采用电加热方式来获取热量,本系统中自热式能否满足要求,需要根据前期热解气化工艺来进行确定。活化工序结束后,经冷却、收集便可获得污泥活性炭产品。该活性炭产品为粉状,后期根据实际用途可以改性或是成型,制备特殊表面化学性质或是颗粒、柱状等活性炭产品。

在活性炭制备过程中,采用物理活化的主要理由在于:①污泥前期干燥、热解气化工艺过程所产生的部分水蒸气和 CO_2 可以作为物理活化法制备活性炭过程中的活化剂,可节约生产成本;②物理活化工艺对设备的要求较低,热解气化工艺过程中的部分设备(如热解气化炉、鼓风系统等)可通用,可减少投资成本;③物理活化法所制备的活性炭不需要额外的酸浸、水洗和干燥工序,整个制备工艺过程简单,操控方便,生产成本低,经物理活化法所得到的活性炭可直接封装作为产品销售,经济效益高。活化炉设备结构及实物如图 7.8 所示。

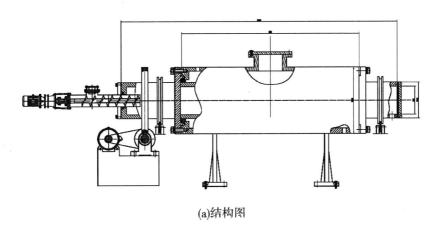

(a)结构图

(b)实物图

图7.8　活化炉结构和实物图

采用水蒸气、烟道气(主要成分为 CO_2)或其混合气体等含氧气体作为活化剂,在高温下与碳接触发生氧化还原反应进行活化,生成一氧化碳、二氧化碳、氢气和其他碳氢化合物气体,通过碳的气化反应("烧失")达到在碳粒中造孔的目的。活化反应属于气固相系统的多相反应,活化过程中包括物理和化学两个过程,整个过程包括气相中的活化剂向炭化料外表面的扩散、活化剂向炭化料内表面的扩散、活化剂被炭化料内外表面所吸附、炭化料表面发生气化反应生成中间产物(表面络合物)、中间产物分解成反应产物、反应产物脱附、脱附下来的反应产物由炭化料内表面向外表面扩散等。

活化反应通过以下三个阶段最终达到活化造孔目的。第一阶段是炭化时形成的但却被无序的碳原子及杂原子所堵塞的孔隙打开,即高温下,活化气体首先与无序碳原子及杂原子发生反应;第二阶段是打开的孔隙不断扩大、贯通及向纵深发展,孔隙边缘的碳原子由于具有不饱和结构,易于与活化气体发生反应,从而造成孔隙的不断扩大和向纵深发展;第三阶段是新孔隙的形成,随着活化反应的不断进行,新的不饱和碳原子或活性点则暴露于微晶表面,于是这些新的活性点又能同活化气体的其他分子进行反应,微晶表面的这种不均匀的燃烧就不断地导致新孔隙的形成。

第三节　中试结果分析

一、热解气化中试结果

(一)燃料检测结果分析

表7.4为污泥与生物质燃料检测结果。将污泥和生物质(花生壳)两种原料按照9:1

比例掺混,即燃料棒中花生壳比重为10%,掺混后通过自然晾晒将其含水率降低至20%左右。从表7.4可以看出,花生壳的有机质含量为88.6%,含碳率为50.31%,含水率为9.8%,收到基低位发热量15 516.16 kJ/kg,而污泥的有机质含量为46.4%,含碳率为24.64%,含水率为61.7%,收到基低位发热量8 113.38 kJ/kg,污泥与生物质耦合燃料棒的有机质含量为60.1%,含碳率为32.42%,含水率9.8%,收到基低位发热量10 119.78 kJ/kg,上述数据说明污泥和生物质在有机质、含碳率、含水率、热值等方面均有较好补充,为热解气化过程能量平衡和系统运行稳定性提供了条件。

表7.4 污泥与生物质燃料检测结果

序号	检测项目		单位	检测结果			
				燃料 (花生壳) (1袋0.113 kg)	燃料 (花生壳) (1袋0.176 kg)	燃料 (花生壳) (1袋0.417 kg)	燃料 (花生壳) (1袋0.406 kg)
1	有机质		%	88.60	79.50	46.40	60.10
2	C_d		%	50.31	40.02	24.64	32.42
3	H_d		%	5.70	4.85	3.59	4.36
4	O_d		%	37.00	35.33	15.31	21.19
5	N_d		%	0.84	1.57	3.70	3.14
6	$S_{t,d}$		%	0.05	0.29	0.60	0.46
7	水分 M_t		%	9.80	9.80	61.70	9.80
8	灰分 A_d		%	6.10	17.94	52.16	38.43
9	固定碳 FC_d		%	22.43	17.68	4.45	11.31
10	挥发分 V_d		%	71.47	64.38	43.39	50.26
11	热值	干燥基高位发热量	MJ/kg	18.64	13.57	9.80	12.37
		收到基低位发热量	MJ/kg	15.52	11.12	8.12	10.12

(二)热解气化结果分析

污泥与生物质耦合资源化利用的产品主要有热解气化气体和活性炭。通过污泥与生物质耦合燃料热解气化过程产生的气化气主要可燃成分为一氧化碳、氢气、乙烯、甲烷等,是一种干净、清洁的绿色能源。在热解气化中试过程中,首先采用木块、树枝、玉米芯等生物质原料烧成约300 mm熟料层,此时适当开启炉底进风风机,并让进风蝶阀有适合开启度;慢速转动高温风机,此时炉底生物质物料应在明火状态中富氧燃烧,以便快速形成底料层;当炉中温度升高,及时补充底料与原料,使熟料层堆积至适合厚度为宜;此过程亦可参考热电耦合反馈过来的数显仪指示数来控制风量增与减;当料层达到预定厚度时,炉底开始放入污泥原料棒,并采用上吸式正烧2~30 min后,污泥与高温产生反应后,再转入下吸式反烧状态;此过程所投污泥量投入后堆积高度应循序渐进,找到其较为合适的数值;当转换为下吸式时,应当把原炉底烟气出口予以关闭,炉底进风蝶阀予以关闭,及时打开下吸段烟气两侧高温阀门,及时补充二次进风;此过程中,下吸式炉内反应段温度600 ℃以上且稳定时,可在燃烧炉内或放散管喷嘴处点燃气体。

图7.9 显示了热解气化炉内部几个关键位置温度的变化。通过分析不同位置温度变化可以发现,点火之后反应初期(0~40 min),热解气化炉处于正烧阶段,高温反应气体向上流动,处于热解气化炉中上部的热解层温度较高,此时反应以上吸式热解为主;在40~65 min阶段,热解气化炉由上吸式逐渐转为下吸式运行,此时气化层最高温度达712 ℃,由炉顶干燥层生成的水蒸气及部分二氧化碳与固定碳形成还原反应,生成氢气和一氧化碳,生成的气体经燃尽层得到一定冷却、过滤后由高温风机送入燃烧炉进行热能利用。65 min之后,热解层、气化层及燃尽层温度均趋于稳定,说明热解气化过程能够连续稳定运行。热分解速率随着温度的升高而加快,完成热分解反应所需时间随着温度升高呈线性下降。试验显示,当温度为600 ℃时,完成时间约27 s;而温度达700 ℃时只需19 s左右。表7.5为上吸式和下吸式热解气组分分析结果。

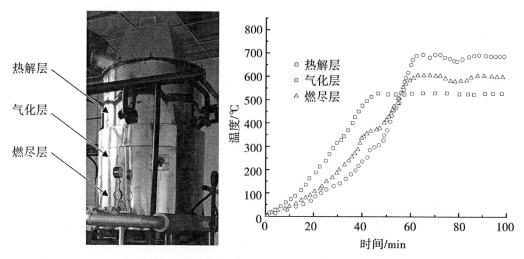

图7.9 热解气化关键位置温度变化

表7.5 上吸式和下吸式热解气组分分析

检测项目	上吸式检测结果/%	检测项目	下吸式检测结果/%
正己烷	0.009	正己烷	0.011
甲烷	0.790	甲烷	1.728
乙烷	0.061	乙烷	0.059
丙烷	0.018	丙烷	0.007

续表7.5

检测项目	上吸式检测结果/%	检测项目	下吸式检测结果/%
丙烯	0.045	丙烯	0.064
新戊烷	0.002	新戊烷	0.001
异丁烷	0.002	异丁烷	0.001
正丁烷	0.004	正丁烷	0.001
正戊烷	0.001	氧气	3.684
氧气	6.612	氮气	61.750
氮气	62.849	一氧化碳	8.732
一氧化碳	14.504	二氧化碳	15.208
二氧化碳	9.744	氢气	8.294
氢气	5.216	反丁烯	0.001
反丁烯	0.003	正丁烯	0.003
正丁烯	0.008	异丁烯	0.005
异丁烯	0.010	1,3-丁二烯	0.014
乙烯	0.110	乙烯	0.426
丙炔	0.008	丙炔	0.006
丙二烯	0.001	丙二烯	0.003

热解气体热值计算公式为

$$Q_v = 126.3 \times CO + 108 \times H_2 + 358.3 \times CH_4 + 630 \times C_2H_m + 870 \times C_3H_n \quad (7-1)$$

其中的 CO、H_2、CH_4 等表示各气体成分的体积百分数。

上吸式：$126.3 \times 14.504 + 108 \times 5.216 + 358.3 \times 0.79 + 630 \times 0.171 + 870 \times 0.048 = 2\,827.7\ kJ/m^3$

下吸式：$126.3 \times 8.732 + 108 \times 8.294 + 358.3 \times 1.728 + 630 \times 0.485 + 870 \times 0.117 = 3\,025.1\ kJ/m^3$

表7.6为污泥与生物质耦合原料热解气化后剩余炭灰的重金属检测结果。可以看出，炭灰中的铬、铅等重金属含量均达到国家污泥处理要求。

由此可见，下吸式热解气化过程中，由于气化温度高达850 ℃，未挥发的重金属被牢牢固化在流化的无机硅酸盐晶体结构中，酸碱条件下均不会溶出；而易挥发重金属锌和铅随可燃气燃烧、除尘后被固化在飞灰基质中。因此，污泥热解气化后剩余炭灰的重金属含量可以得到明显降低。

表7.6　热解气化剩余炭灰重金属检测结果

检测项目	检测方法	检出限值	质量等级 I 限值	质量等级 II 限值(农业)	质量等级 III 限值(绿地)	是否达标
总铬	常压消解后二苯碳酰二肼分光光度法 (CJ/T 221—2005)	2 mg/kg	60	100	150	是
总铅	常温消解后原子吸收分光光度法 (CJ/T 221—2005)	20 mg/kg	60	80	200	是
总锌		10 mg/kg	400	800	1 500	是
总镍		10 mg/kg	30	50	80	是
总铜		5 mg/kg	150	650	1 000	是
总镉		5 mg/kg	0.8	2	5	是
总汞	常压消解后原子荧光法 (CJ/T 221—2005)	0.01 mg/kg	0.6	3	5	是
总砷	常压消解后原子荧光法 (CJ/T 221—2005)	0.04 mg/kg	0.6	3	5	是

二、热解气燃烧中试结果

当下吸式热解气化炉内反应段温度为 600 ℃以上且稳定时,即可在热解气燃烧炉内或放散管喷嘴处点燃热解气体。图 7.10(a)(b)分别为热解气在燃烧炉内和放散管外的燃烧状况,燃烧时间持续均超过 6 h。由此可以看出,污泥与生物质耦合燃料热解气化产生的热解气可以稳定燃烧,其燃烧后产物主要为 CO_2 和 H_2O 等不可再燃烧的烟气,燃烧过程放出大量反应热。在中试过程中,该高温烟气约 25% 被用于活化炉的热源,其余 75% 的烟气余热排放至大气,但在工业应用中,这部分余热可用于污泥烘干、发电或生产蒸汽。

燃烧炉内燃烧　　　　　　　　　　　放散管外燃烧

图 7.10　热解气燃烧实景

　　热解气在炉内燃烧时,点火区和蓄热区的温度变化如图 7.11 所示。从图 7.11 中可以观察到,在点火后 30 min 时间段内,随着高温热解气进入到燃烧炉进行燃烧,点火区和蓄热区温度由205 ℃开始逐渐上升,由于燃烧炉中后位置多孔墙具有蓄热作用,使得蓄热区温度上升速度比点火区更快,温度到达 1 050 ~ 1 080 ℃后,点火区和蓄热区温度趋于稳定,蓄热区温度略高于点火区,30 min 后炉内温度趋于均匀。热解气燃烧试验结果表明,高温热解气不经冷却直接进入燃烧炉,可以充分利用热解气显热,提高了燃烧初始温度和烟气温度(燃烧烟气温度可达 1 050 ℃以上),保障了热解气燃烧能够满足活化炉加热温度要求。

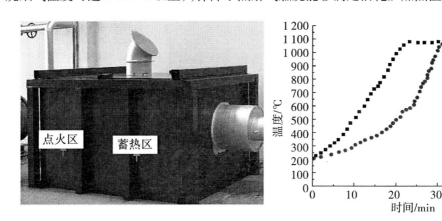

图 7.11　蓄热燃烧炉内燃烧点火区和蓄热区温度变化

三、碳硅分离中试结果

　　检测结果显示,中试污泥中的灰分含量达到58%,即使污泥与生物质掺混后灰分含量亦达到38%,因此热解气化剩余的炭灰无法直接制备高品质的活性炭。为了进一步在实现污泥减量化前提下,以较低的成本实现污泥的无害化和资源化,即为后续富碳成分和富硅成分的分级资源化利用提供优质原料,炭灰需进行碳硅分离。中试设计和采用的碳硅分离装置如图 7.12 所示。

　　1.设备优化前

　　第一次进行碳硅分离中试时,仅通过对碳硅分离前后的灰分含量进行检验分离效果。从灰分含量变化来看,分离后收集到的轻产物相较原样降低18.5 个百分点,说明碳硅分离装置具有一定的分离效果。但是,从重产物和原样灰分值来看,二者变化不大,证实重产物并没有被分选彻底,主要原因是分选给料的不均匀性,一些物料进入分选装置而未来得及进行分选调入重产物收集;此外,炭灰在

图 7.12　碳硅分离装置

颗粒较细情况下的轻产物收集物料较少,经化验成分碳占27%,说明对于极细颗粒亦有分选效果。因此总体而言,碳硅分离装置具有一定分选效果,但对于粒度控制、设备进料结构等方面还需进一步优化。

2. 设备优化后

针对上述问题,对碳硅分离设备的进料装置、风速等进行优化后,再次进行了碳硅分离试验,碳硅分离前后的灰分、碳含量如图7.13(a)所示。从灰分含量变化来看,分离前炭灰的灰分含量为76.3%,分离后收集到的轻产物即富碳炭灰的灰分值为38%,相较原样降低38.3个百分点;而收集到的重产物即富硅炭灰的灰分值为92.7%,较原样提高了16.4个百分点。图7.13(b)显示了碳硅分离前后炭灰的质量占比,其中富碳炭灰质量占比32%,富硅炭灰质量占比68%。设备优化后的分选结果表明,碳硅分离效果较高,设备结构和运行参数调整得当,当然仍有少部分未被分选,其主要原因可能是碳硅结合产物的比重与富碳、富硅成分较为接近。

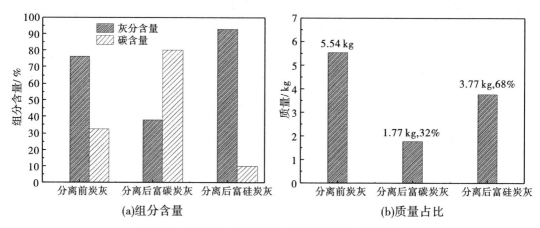

图7.13 碳硅分离前后炭灰的组分含量和质量占比

表7.7是国联检测中心对碳硅分离前后炭灰的有机质和含碳量的检测数据。碳硅分离后富碳炭灰的有机质和碳含量分别提高了48.9%、48.53%,而碳硅分离后富硅炭灰的有机质和碳含量均降低了21%。从以上结果可以看出,设备优化后,碳硅分离装置分离效果较为明显。

表7.7 碳硅分离检测结果

检测项目	检测结果		
	碳硅分离前炭灰	碳硅分离后富碳炭灰	碳硅分离后富硅炭灰
有机质/%	33.5	82.4	12.5
C_d/%	30.04	78.57	9.04

四、活化中试结果

活化过程控制的主要操作条件包括活化温度、活化时间、活化剂的流量及温度、加料速度、活化炉内的氧含量等。活化过程控制参数如表7.8所示。

表7.8　活化过程控制参数

活化温度	活化时间	活化气氛	活化气体流量
850 ℃	60 min	CO_2	500 mL/min

活化步骤：首先将碳硅分离后富碳炭灰经料斗加入活化炉中，将料斗顶盖密封后启动螺旋给料机缓慢进料，同时开启电机使活化炉内筒以0.5 r/min转速开始转动；然后通入燃烧炉高温烟气，使内筒出口以15 ℃/min升温至850 ℃，之后保温60 min，中试活化温度控制曲线如图7.14所示；停留时间到达后，关闭炉子电源，自然降温至室温，取出称重，试验结束。试验时间约120 min，全程以500 mL/min流量通CO_2气体。

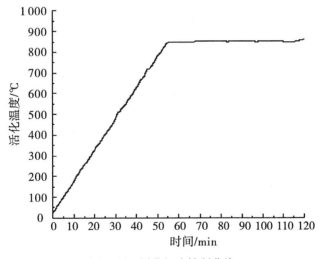

图7.14　活化温度控制曲线

根据进入热解气化炉的原料是否经过压块，可以产出粒状活性炭和粉状活性炭。其中粉状活性炭经成型处理可以制成饼状活性炭。活性炭产品如图7.15所示。

图7.15　活性炭样品

为了探究多孔炭的微观结构特征,图7.16给出了活化前后炭灰的SEM照片。由图7.16(a)(b)可知,活化前炭灰呈现出形状不规则的颗粒,其结构比较致密,炭基体表面几乎没有明显的孔隙。而对活化后炭灰来说[图7.16(c)(d)],其结构相对疏松,呈多孔蜂窝状,炭基体表面均存在大量的孔隙且相互连通,孔径各异。尤其需要指出的是,活化后炭灰的SEM图中所展现出来的绝大部分孔隙孔径均为50~200 nm,且这些孔隙相互衔接、贯通,在炭基体中构筑成立体网络通道,具有较大的孔隙率和比表面积。

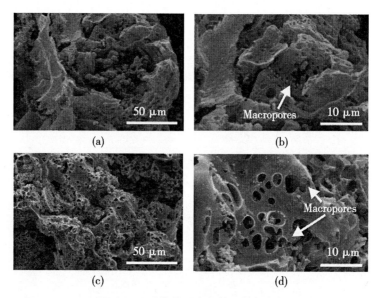

图7.16　活化前后炭灰的SEM照片

表7.9是国联检测中心对活化后炭灰(活性炭)的检测数据。由表7.9可以看出,活性炭表观密度为0.30 g/mL,比表面积为662 m^2/g,碘吸附值为815 mg/g,亚甲基蓝吸附值为125 mg/g,活性炭品质较好。

表7.9 活性炭性能检测结果

序号	检测项目	检测结果	方法标准
1	pH 值	8.02	GB/T 12496.7—1999
2	水分含量/%	20.62	GB/T 12496.4—1999
3	灰分含量/%	11.92	GB/T 12496.3—1999
4	表观密度/(g/mL)	0.30	GB/T 12496.1—1999
5	比表面积/(m^2/g)	662.00	GB/T 19587—2017
6	碘吸附值/(mg/g)	815.00	GB/T 12496.8—2015
7	亚甲基蓝吸附值/(mg/g)	125.00	GB/T 12496.10—1999

▲ 本章小结 ▲

本章主要开展了污泥与生物质耦合原料热解气化、热解气燃烧、碳硅分离及活性炭制备中试试验,对污泥与生物质高效耦合资源化利用关键技术进行了验证,并对成套装备运行稳定性及产品性能进行全方位测试,得到以下主要结论:

(1)下吸式热解气化的气化层最高温度达712 ℃,热解气化过程中的热解层、气化层及燃尽层温度均趋于稳定,热解气化过程能够连续稳定运行,热解气热值为3 025.1 kJ/m^3,与上吸式相比,下吸式热解气热值提高7%,焦油、水蒸气含量更低,说明下吸式热解气化效果优于上吸式。

(2)高温热解气不经冷却直接由高温风机送入燃烧炉能够连续稳定燃烧,可以充分利用热解气显热,提高了燃烧初始温度和烟气温度,热解气燃烧烟气温度可达1 050 ℃,蓄热区的温度上升速率和最高温度均高于点火区,多孔蓄热墙具有较好蓄热稳燃作用,热解气燃烧烟气温度达到活化炉加热要求。

(3)针对碳硅分离前后灰分、含碳量两个方面检测,碳硅分离后富碳炭灰灰分含量38%,相较原样降低了38.3%,富硅炭灰灰分含量92.7%,较原样提高了16.4%,富碳炭灰质量占比32%,富硅炭灰质量占比68%;碳硅分离后富碳炭灰的有机质和碳含量分别提高了48.9%、48.53%,而碳硅分离后富碳炭灰的有机质和碳含量均降低了21%,碳硅分离效果较为明显。

(4)碳硅分离后富碳炭灰在850 ℃高温及CO$_2$气氛条件下活化120 min后呈现微观多孔蜂窝结构,经检测其表观密度为0.30 g/mL,比表面积为662 m^2/g,碘吸附值为815 mg/g,亚甲基蓝吸附值125 mg/g,活性炭品质较好。中试结果表明,污泥与生物质耦合资源化利用技术可以产出高附加值的活性炭产品。

第八章　工业化应用与经济性评价

第一节　工业化项目概况

一、工程背景

在河南省新乡市获嘉县污水处理厂厂区内建设污泥与生物质高效耦合资源化利用工程项目。获嘉县位于河南省北部，新乡市西部，北依太行，南临黄河，是中原经济区核心区新-焦-济产业带上的节点城市，承东启西，贯穿南北。获嘉县污水处理厂位于照镜镇后李村西，成立于2004年，初期建设规模为3万吨/日，2013年进行扩建，目前该厂污水处理规模达到6万吨/日。

获嘉县污水处理厂现每日产生污泥约30 t，污泥含水率约60%。目前，这些污泥由当地政府招标处置，每吨补贴200元，由于种种原因，污泥未得到较好利用，以往是填埋处置，现改为运输到距离污水厂40 km的焦作市武陟县用于制作有机肥，运费每年约60万还需污水处理厂承担。这不但浪费了宝贵的污泥资源，而且大量污泥的随意填埋，危害更大，因为污泥成分复杂，含有毒、有害物质，需要高温处理的病原微生物、寄生虫卵、有毒有机物、重金属及大量难降解物质，如处理不当，易对环境造成直接或潜在污染；直接用于制备有机肥，将导致严重的土壤恶化和环境污染。因此，如何选择具有较高经济效益而又不污染环境的方法处理污水处理厂的污泥，加快将污泥变废为宝、化害为利已成为政府重视、社会关注、群众期盼的一项亟待解决的重大问题。

二、工程规模

在获嘉县污水处理厂厂区内投资建设日处理污泥30 t（含水率60%污泥）项目，总投资额1 000万元，建设周期6个月。项目采用"热力干燥+热解气化+热解气燃烧余热回收+硅碳分离+活性炭制备"高值化利用核心技术路线，针对市政污泥进行无害化、减量化、能源化、资源化处理，最终将污泥变为高附加值的活性炭产品，实现污泥的高值化利用。

第二节 工业化应用实施方案

一、设计依据

(1)《城镇污水处理厂污泥处理处置及污染防治技术政策(试行)》(2020 年)。

(2)《室外排水设计标准》(GB 50014—2021)。

(3)《给水排水构筑物工程施工及验收规范》(GB 50141—2020)。

(4)《混凝土结构工程施工质量验收规范》(GB 50204—2015)。

(5)《供配电系统设计规范》(GB 50052—2009)。

(6)《低压配电设计规范》(GB 50054—2011)。

(7)《城镇污水处理厂污泥处置 混合填埋用泥质》(GB/T 23485—2009)。

(8)《城镇污水处理厂污泥处置 土地改良用泥质》(GB/T 24600—2009)。

(9)《城镇污水处理厂污泥处置 园林绿化用泥质》(GB/T 23486—2009)。

(10)《农用污泥污染物控制标准》(GB 4284—2018)。

(11)《危险废物焚烧污染控制标准》(GB 18484—2020)。

二、项目位置

获嘉县域自然条件优越,位于中原城市群"豫北工业走廊"中部,县域全境为平原,地势平坦,具有良好的农业生产基础。区位优势明显,南距郑州国际机场 80 km、东距京珠高速 20 km,处于中原城市群紧密层 1 h 经济圈和新乡市 30 min 经济圈,是晋煤外运、南太行旅游的重要通道。自然资源丰富,人民胜利渠、武嘉干渠 2 条引黄灌渠流经全县,南水北调中线工程紧邻县境,引黄调蓄工程正在实施;是西气东输第一个用上天然气的县城,年供气能力达 1.3 亿 m³;煤炭资源探明储量达 8 亿吨,煤层气储量达 200 亿 m³;拥有 220 kV 数字化变电站 1 座,110 kV 数字化变电站 3 座,35 kV 以上变电站 10 座,供电内力充足。

本项目选址位于获嘉县污水处理厂厂区内。该位置的北侧紧邻农田;东北侧约 760 m 为后李村;东侧紧邻获嘉县城市污水处理厂第一期,约 206 m 为安王公路,约 729 m 为前李村;南侧紧邻农田;西南侧约 260 m 为彦当村;西侧紧邻农田,约 195 m 为共产主义渠。因此,本项目交通十分便利。项目占地 2 000 m²,东西方向 40 m,南北方向 50 m,位于污泥脱水机房北侧。

三、污泥取样与分析

项目使用污泥全部来源于获嘉县污水处理厂厂区内污泥,以达到就地资源利用,节能减排的目的。2021 年 9 月 3 日,项目组到获嘉县污水处理厂采集污泥样品,即日送至河南理工大学能源与动力工程实验室进行了化验,污泥成分及热值如表8.1所示。

表8.1 获嘉县污水处理厂污泥成分与热值测试结果

样品编号	水分		灰分	挥发分	全硫	弹筒发热量	固定碳
	M_t/%	M_{ad}/%	A_{ad}/%	V_{ad}/%	$S_{t,ad}$/%	/(kJ/kg)	FC_{ad}/%
HJWN-01	60.6	8.84	48.69	36.98	0.74	7122	5.49

四、工艺路线

工艺生产线采用"低温热力干燥+热解气化+热解气燃烧余热回收+资源化利用"的核心技术路线。首先,将污水处理厂的出厂污泥,采用添加机械压榨和生化方法将其含水率降低至60%左右,然后将污泥和生物质(中试采用花生壳)按照一定比例掺混,并通过网带式热力烘干机将其含水率降低至20%;之后,送入污泥热解气化炉中进行高温处理,热解气化反应器选取下吸式固定床反应器,保证污泥颗粒的热解气化系统的稳定性;然后,将污泥热解气化产生的高温热解气和高温气态热解焦油,通过高温风机送入燃烧器产生高温烟气,烟气经换热器进行热能回收,回收能量用于污泥热力干燥;热解气化后的固体颗粒经硅碳分离后,分别制备高附加值的活性炭和混凝土添加剂;热能回收后的烟气经净化处理达到国家环保要求后排至大气。

工艺流程见二维码,该系统分为四个模块:烘干换热模块、热解气化燃烧模块、活性炭制备模块及烟气净化模块。含水量60%~80%的污泥与含水量小于10%的秸秆,按照一定配比送入双轴搅拌机进行混料,混合均匀后送入切条机,然后送至网带式烘干机进行烘干,污泥烘干后送入气化炉进行高温裂解,裂解后产生的燃气经旋风分离器、高温风机送到燃烧炉进行燃烧,经高温风机送入燃烧室产生烟气,烟气余热产生热水并经水气换热器产生高温的干化风,干化风送至烘干机进行污泥烘干,干化后的低温高湿废气通过冷凝器进行除湿,少部分送入燃烧炉作为助燃气体,大部分经汽气换热器被加热升温作为循环干化风重新送入网带式烘干机。设备平面布置见二维码。

工艺流程　　　　　　　　设备平面布置

五、成套装备组成

污泥与生物质耦合燃料制备系统、低温热力干燥系统、热解气化系统、热解气燃烧系统、烟气净化系统、活性炭制备系统成套装备一套,以及建设配套的发电系统、灰渣资源化利用系统及其他建筑、结构、给排水工程、环保等内容。

污泥经热解气化炉热解气化产生的气体经高温风机进入燃烧炉产生蒸汽,蒸汽再经汽水换热器加热热水,热水送入烘干机对污泥进行干化。烘干系统废气进入热解气化炉燃烧,做到无废气外排。

污泥经热解气化炉热解气化产生的炭灰,采用硅碳高效分离技术实现了炭灰富碳成分和富硅成分的有效分离,富碳成分作为活性炭的制备原料进入活化炉进行物理活化,活化工序结束后,经冷却、收集便可获得污泥活性炭产品;同时,富硅成分作为硅灰制备原料进入磨机进行超细粉磨后制备轻质高强度建筑材料。

除灰系统包括滚筒筛下渣土、热解干馏气化炉排渣、旋风除尘器排灰、循环水池沉灰等运输环节。滚筒筛下渣土落入带式输送机,经转载带式输送机输送至污泥预处理车间外侧,再经带式输送机转载至砖厂原料棚。热解干馏气化炉排渣落入渣坑刮板输送机上,经水封灭红后,运出地面,再经一条带式输送机转运至滚筒筛下转载带式输送机下,与渣土一并运至原料棚。旋风除尘器除灰落入水封井,推送至炉渣运输带式输送机上。

六、干化系统设计

污泥干化系统采用网带式干化机,属于低温污泥干燥技术,干燥介质为空气。技术方案如图8.1所示,含水率60%以下的污泥原泥自烘干机顶部经网带输送逐层下落,经烟气加热后的热空气自烘干机底部进入,向上流动,与网带上的污泥热交换并带走污泥中的水分,达到干燥污泥的目的。湿空气从顶部排出干燥机经旋风除尘、冷凝除湿等过程,最后在汽气换热器中进行加热为80 ℃左右的热空气再次进入烘干机。

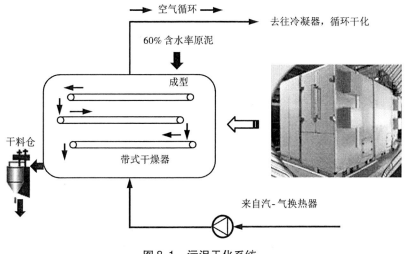

图8.1　污泥干化系统

图8.2给出针对该中试试验系统,处理量100～150 kg/h干基污泥(考虑一定的干化裕量)低温干化系统的布置图。烘干机尺寸为,长4 500 mm(加出料口总长度为5 100 mm),高

3 250 mm,烘干污泥的网带部分宽 1 200 mm,采用网带输送机进料。热风为 80 ℃左右的热风。该设备网带全部采用 304 不锈钢。整个系统密封良好,进料部分配有密封罩,且为微负压运行,可以较好地抑制污泥臭气外泄。干化机技术参数见表8.2。

该污泥干化系统的技术优势:一是设计参数为低温干燥(设计烘干温度为 80 ℃左右),既有利于充分利用低温余热也最大限度保持了污泥的有机质成分不被破坏,为后续热解工艺提供保障;二是干燥效率高,80 ℃的干燥热风下,除水量可以达到 80 kg/h 以上;三是采用对流热风干燥的方式对网带上的湿料污泥进行脱水干化减量,系统全密闭设计,干燥热风无热损,也有效避免了干燥过程中所产生的异味。

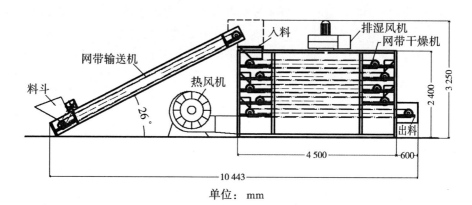

单位:mm

图8.2 网带式污泥烘干机布置图

表8.2 污泥干化系统主要技术参数

序号	名称	技术参数
1	型号	5XD1.2-4.5
2	网带	网孔大小可定制
3	面板材质	防火彩钢岩棉板
4	主架材质	80 mm×80 mm 镀锌方管
5	主轴材质	45#碳结钢
6	减速机	双级摆线针轮减速机
7	电机	变频电机2.2 kW 1 台
8	热风风机	11 kW 1 台
9	排湿风机	2.2 kW 1 台
10	电控箱	XL-21(配套)
11	网带层数	5 层
12	烘干机长度	5.1 m
13	烘干机宽度	1.45 m

七、烟气净化系统设计

为保证烟气氮氧化物（NO$_x$）达标排放，天然气燃烧采用低氮燃烧器，并在高温燃烧段严格控制烟气含氧量，保证贫氧燃烧，并喷入雾状尿素溶液脱硝处理，保证烟气排放符合《生活垃圾焚烧污染控制标准》（GB 18485—2014）排放或更严要求排放。烟气净化系统如图 8.3 所示。高温烟气经过蒸汽发生器的换热后，温度降低到 185 ℃以下，进入烟气处理系统进行脱除。烟气处理系统主要包括高温袋式除尘器、活性炭吸附装置、湿法脱酸塔、引风机、烟囱等。高温烟气经过布袋除尘器除尘后，进入活性炭吸附装置脱除二噁英等有害气体，然后进入脱酸塔继续脱除 SO$_2$ 等酸性气体，合格的烟气经过引风机，送入烟囱排放。另外在炉墙的侧面留有脱硝装置的安装位置，根据烟气中的 NO$_x$ 含量考虑采用 SCR 脱硝方法。

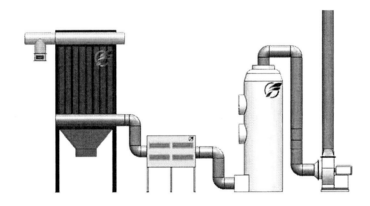

图 8.3　烟气净化系统

烟气净化标准执行国家标准《危险废物焚烧污染控制标准》（GB 18484—2020），烟气污染物排放浓度限值见表 8.3。

表 8.3　烟气污染物排放浓度限值

序号	污染物种类	限值	单位	取值时间
1	颗粒物	30	mg/m^3	1 h 均值
		20	mg/m^3	24 h 均值
2	氮氧化物（NO$_x$）	300	mg/m^3	1 h 均值
		250	mg/m^3	24 h 均值
3	二氧化硫（SO$_2$）	100	mg/m^3	1 h 均值
		80	mg/m^3	24 h 均值
4	二噁英	0.5	ng TEQ/Nm^3	测定均值

注：表中污染物限值为基准氧含量排放浓度。

八、活性炭制备系统设计

根据工艺路线和试验条件,采用物理活化法来制备污泥基活性炭,其制备系统设计工艺流程如图8.4所示。污泥经热解气化后产生的炭灰进入缓冲仓(若出现烧结团聚现象,需要设计一段干式打碎工序),然后通过风机泵送或皮带提升机至降灰提质机进行干法物理分选。在干法物理分选过程中,主要是通过富碳成分和富硅成分在空气流场(或磁场)中因两者的密度(或磁性)不同(富碳成分密度小,富硅成分密度大)而实现分离富集,富集效率受来料性质影响较大,而实验室模拟炭化产生的物料其粒度、密度组成与实际工况有本质差异,设计的分选系统在主要结构确定的前提下,需要根据实际情况确定其分选路径。干法物理分选的目的主要是为后续富碳成分和富硅成分的分级资源化利用提供优质原料。

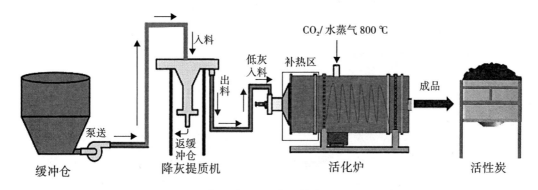

图8.4 物理活化法制备活性炭的工艺流程

经过降灰提质机的干法物理分选工艺,可将气化炭化分为两部分。富碳成分作为活性炭的制备原料进入活化炉进行物理活化。干法物理分选产生的另外一部分物料是富硅成分,主要含有二氧化硅、三氧化二铝、氧化铁及氧化钙等组分,该部分建议用作制备发泡混凝土或是生产水泥的骨料。

九、电气自控系统设计

电气控制系统的总体控制目标与方案:中试设备电气控制系统以可编程逻辑控制器(programmable logic controller,PLC)作为控制核心,以变频器作为调速设备的驱动器,以工业控制计算机作为集中控制操作终端,工业计算机与PLC通过TCP/IP通信实现中试设备的远程集中控制。电气控制流程如图8.5所示。

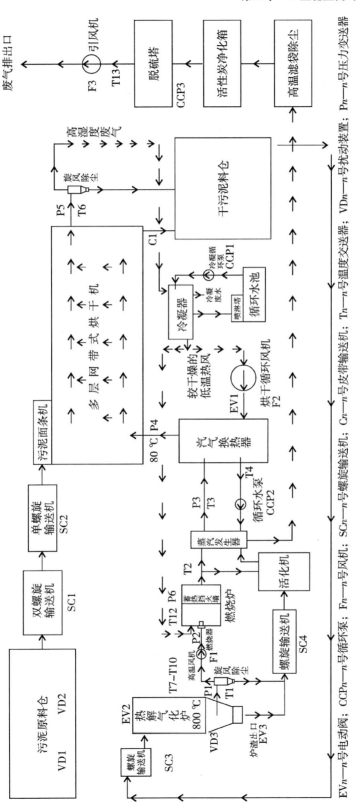

图 8.5　电气控制流程

EVn—n号电动阀；CCPn—n号循环泵；Fn—n号风机；SCn—n号螺旋输送机；Cn—n号皮带输送机；Tn—n号温度变送器；VDn—n号扰动装置；Pn—n号压力变送器；

生产线控制系统采用 CS 分散型控制系统,通过由中央处理单元、数据通信单元、人机接口组成的 DCS 系统,按照分层分散的原则组态,实现厂热控系统的安全运行。DCS 系统采用污泥与生物质混料预处理系统和热解气化系统集中控制方式,共用一个集中控制室。在集中控制室以 CRT/KB、鼠标为监控中心,配以必要的常规仪表和数字式后备手操设备,实现对系统设备正常运行工况的监视控制。当系统设备出现异常工况报警时,由就地操作人员配合,可在集中控制室实现系统设备的起停操作和危急工况下的紧急事故处理。

热解气化炉干燥段、干馏段、炭化段及气化段、排渣段等各段炉内温度,干燥段、干馏段炉内气压;上段可燃气出口气体含氧量取样及监测、控制电捕焦油器是否可投运,可燃气汇合总管气体成分取样及分析、压力,系统可以进行热解气化炉冷却水套进水、出水及供出蒸汽温度、软化水箱水位、软化水泵运行电流、鼓风机风量等参数的自动和人工调节;集中控制室内设有工业电视系统,对污泥车卸料、称量计量、抓斗运行、污泥预处理系统设备运行状态、污泥贮坑堆贮状态等进行安全监视。它能将现场清晰图像直接送入集控室,为工作人员及时了解现场实际情况及准确操作提供可靠依据。

热解气化炉间设有可燃气体外泄浓度监测,污泥预处理系统、软化水系统、除渣系统等采用 PLC 程序控制,亦在集控室进行远程监视控制。所有电动门、重要辅机电动机等均可在控制室内进行远方操作,通过 DCS 系统实现系统设备的监视、逻辑控制、过程控制、报警等功能。

通风系统主要为变配电室事故通风、污泥贮坑事故通风及除臭装置,污泥坑连通,排除臭味。烘干系统废气进入热解气化炉燃烧,做到无废气外排。

污泥原料仓安装扰动装置 VD1、VD2 实现下料控制,VD1、VD2 由 PLC 控制继电器实现启停,实现污泥原料仓下料控制,污泥进入螺旋输送机 SC1,SC1 由 PLC 控制变频器实现其调速控制,从而调节螺旋输送机给单螺旋混料机 SC2 的喂料速度,同时 PLC 采集 SC1 驱动变频器的状态信息(运行、停止、故障、频率),实现螺旋输送机的状态监控,单螺旋混料机 SC2 由 PLC 控制接触器实现混料机的启动与停止,同时采集接触器的闭合状态,监控混料机运行状态,并由 PLC 定时器控制其混料时间。SC1 的转速通过变频器反馈频率电流(4 ~ 20 mA)送至 PLC 模拟量采集模块,实现 SC1 转速监控。

混料机混合成料逐次进入污泥面条机和多层网带式烘干机,污泥面条机和多层网带式烘干机由 PLC 控制其自带控制箱实现两台设备的启动与停止。多层网带式烘干机的出口气体温度和压力,由安装在管道上的温度变送器 T6 和压力变送器 P5 实现温度和压力的变送,变送器的标准电流值经 PLC 的模拟量采集模块转化为温度和压力对应的数字量,供控制系统监测与控制。烘干机输出干污泥经输送皮带机 C1 进入干污泥料仓,C1 由 PLC 控制接触器实现输送皮带机的启停控制,同时采集接触器的闭合状态,监控皮带机运行状态。

燃烧尾气处理系统由自带控制器实现尾气处理,处理系统中的除尘装置的尾尘经手动阀门定期排出、清理,燃烧尾气由引风机 F3 引风排出,F3 由 PLC 控制接触器实现其启停控制,并且 PLC 采集接触器的开关状态实现 F3 运行状态监控。

废水冷凝系统中,冷凝循环水泵 CCP1 由 PLC 控制接触器实现 CCP1 的启停控制同时采集接触器的闭合状态,监控冷凝循环水泵运行状态;水源热泵由 PLC 控制其热泵控制箱实现水源热泵的启动、停止。

烘干循环风机 F2 由 PLC 控制变频器实现其调速控制,实现烘干循环风量调节,同时 PLC 采集变频器的状态信息(运行、停止、故障、频率),实现 F2 的状态监控,同时,为了更为准确地控制进入汽气换热器的风量,利用安装在管道上的电动调节风阀 EV1 实现风量微调。EV1 由 PLC 的模拟量模块输出 4～20 mA 的电流控制 EV1 开度,同时 PLC 采集 EV1 反馈的开度电流信号(4～20 mA),实现 EV1 开度监控。

汽气换热系统中,循环水泵 CCP2 由 PLC 控制接触器实现 CCP2 的启停控制同时采集接触器的闭合状态,监控循环水泵运行状态,为了监测汽气换热系统的进、回水水温、进水压力,PLC 模拟量模块采集安装在进水、回水管道上的温度变送器 T3、T4、压力变送器 P3 的标准电流数值(4～20 mA),实现水温和压力监测,汽气换热器输出气体温度和压力由温度变送器 T5 和压力变送器 P4 实现温度、压力与电流值的转化,并送至 PLC 模拟量模块,实现气体温度、压力的数字化监控。

热解活化系统中,螺旋输送机 SC3,由 PLC 控制变频器实现 SC3 调速,从而控制热解汽化炉的喂料量,同时 PLC 采集变频器的状态信息(运行、停止、故障、频率),实现 SC3 的状态监控。SC3 输出的热解原料经由电动阀门 EV2 进入热解气化炉,EV2 由 PLC 控制继电器实现打开、关闭,同时 PLC 采集 EV2 的状态信息(打开、关闭),实现 EV2 状态监控和联锁控制,热解炉渣经电动阀 EV3 排出炉内,EV3 也由 PLC 控制继电器实现打开、关闭,同时 PLC 采集 EV3 的状态信息,实现 EV3 状态监控和联锁控制,同时,为了防止炉渣堵料,热解气化炉炉渣出口安装扰动装置 VD3,实现出渣辅助,VD3 由 PLC 控制继电器实现其启停,热解气化炉的炉内温度由温度变送器 T7-T10 检测,并送至 PLC 的模拟量采集模块。热解气化炉的输出气体温度、压力由温度变送器 T1 和压力变送器 P1 检测,并送至 PLC 模拟量采集模块。

活化、燃烧、烟气处理系统中,燃烧器的风机 F2、高温风机 F1、排烟风机 F3、脱硫塔循环泵 CCP3 以及螺旋输送机 SC4 都由 PLC 控制变频器,实现设备调速控制,从而调节风量和喂料量,同样,PLC 采集变频器的运行状态信息(运行、停止、故障、频率),实现设备运行状态的监控,PLC 模拟量模块采集温度变送器 T2、T11、T13 压力变动器 P2、P6 实现燃烧系统温度、排烟温度、压力监测。

以上是中试设备控制方案,方案中 PLC 主模块拟选定西门子 S71200 系列 CPU,其余电源模块、模拟量输入输出、数字量输入输出模块以及通信模块,均选用 S71200 CPU 配套的扩展模块。变频器拟选定台达 B 系列变频器,工业计算机选用研华工控机、选用组态王作为操作终端组态设计软件。电气控制系统的选型明细,由设备选型结束后,根据设备功率选择对应的变频器、接触器、继电器、断路器等的具体型号。

十、设备选型

污泥超低能耗资源化处理主要设备如表 8.4 所示。

表8.4 主要设备一览表

序号	设备名称	数量	规格型号	厂家	备注
1	网带式烘干机	1	5XD1.2-4.5	郑州科威重工机械制造有限公司、山东杭海机械设备有限公司、巩义市站街腾达机械厂	烘干污泥,含风机、螺旋输送机
2	污泥面条机	1	RC-100IIJ 4dX*2	郑州安川环保科技有限公司、山东杭海机械设备有限公司、巩义市站街腾达机械厂	干化并切条或挤条,安装在网带式烘干机上方进料口
3	热解气化炉	1	H2400-φ1100	自行设计,委托加工:焦作市正洁机械制造有限公司、焦作市智鹏机械制造有限公司、焦作科瑞华起重运输装备机械有限公司	热解气化,内衬耐火材料、保温模块,外加不锈钢
4	燃烧炉	1	2 000 m×750 m×1 200 m	自行设计,委托加工:河南新特威机械制造有限公司	含耐火材料
5	燃烧器	1	300 Nm³	自行设计,委托加工:河南新特威机械制造有限公司	含配套阀组、助燃风机、电控箱
6	蒸汽发生器	1	水容量约20 L	自行设计,委托加工:河南新特威机械制造有限公司	水容量<30 L 属于非压力容器
7	汽-气换热器	1	—	自行设计,委托加工:河南新特威机械制造有限公司	—
8	冷凝器及冷却水箱	1	—	自制	含冷却水泵
9	活化炉及辅助设备	1	—	自行设计,委托加工:山东摩克力粉体技术设备有限公司、咸阳鸿峰窑炉设备有限公司	活性炭制备
10	烟气净化系统	1	—	郑州启风环保科技股份有限公司、洛阳新美环境技术有限公司、扬州康业环境工程技术有限公司	含水旋过滤器(304材质)、滤袋除尘器、引风机、烟囱、管道等
11	负压除臭系统	1	—	—	—
12	电气控制系统	1	—	—	含变频器、控制柜、工控机、PLC 控制器、电缆等
13	便携式测试设备	1	—	外购	含其他点的温度测试、烟气测试、流量测试、气体采样器等

续表8.4

序号	设备名称	数量	规格型号	厂家	备注
14	其他设备	1	—	污泥与生物质耦合燃料制备工业性试验	含循环泵、料仓、螺旋输送机、风机、温度传感器、扰动装置、阀门等

第三节　项目环境影响分析

根据现场核查,本项目地理位置、周围环境敏感点与环评相比未发生变化,项目卫生防护距离内无居民区、学校、医院等环境敏感点,周边环境对项目建设不存在明显制约因素。项目所产生的各项污染物,在采取环境影响评价治理措施后,对周围环境影响均较小。

一、环境质量标准

《环境空气质量标准》(GB 3095—2012)中的二级标准。
《地表水环境质量标准》(GB 3838—2002)中的Ⅲ类标准。
《地下水质量标准》(GB/T 14848—2017)中的Ⅲ类标准。
《声环境质量标准》(GB 3096—2008)中的3类标准。
《工业企业设计卫生标准》(GBZ 1—2010)。

二、污染物的排放标准

《城镇污水处理厂污泥处理处置及污染防治技术政策(试行)》(2020年)。
《污水综合排放标准》(GB 8978—1996)中的一级标准。
《工业企业厂界环境噪声排放标准》(GB 12348—2008)中的Ⅲ类标准。
《一般工业固体废物贮存、处置场污染控制标准》(GB 18599—2001)中的Ⅰ类标准。
《建筑施工场界环境噪声排放标准》(GB 12523—2011)中的执行标准。

三、烟气污染治理

烟气污染治理见本章第二节中"烟气净化系统设计"。

四、水污染治理

产生的污水收集后进行送回该污水处理厂集中处理,对当地不会产生不利影响。

五、固体废弃物污染治理

原料为污泥和生物质,处理后的固体颗粒经收集后直接制备成活性炭和混凝土添加剂,全部进行了综合利用,无污染排放,也不会对环境产生不利影响。

六、噪声污染治理

根据项目地噪声产生的机理和声源部位,设计中拟采取以下防治噪声的措施。

(1)声源控制。设备选型时,首先选择设备噪声满足国家设备噪声标准规定的设备生产厂家,并向其提出各设备噪声标准限值要求;另外在工艺设计中对产生噪声较大的设备和易产生噪声的设备,从设备安装、基础设施上采取隔音、消音和防振减噪等措施。

(2)传播途中控制。在总平面布置中,将生产区与生活区分开布置,搞好厂区内的绿化,以此控制噪声对环境和职工的影响。

(3)个人防护。为经常在噪声较大的生产车间或设备部位值班的人员设置隔音值班室,备用防噪头盔、耳塞、耳罩等应急设施。

采取上述防治措施,噪声排放可满足《工业企业厂界环境噪声排放标准》(GB 12348—2008)中的Ⅱ类标准要求,基本不会对当地产生不利影响。

七、水土保持

水土资源是人类赖以生存的基本条件,水土大量流失,可能会加剧洪涝灾害,破坏生态环境,直至影响国民经济和社会的可持续发展。

根据《中华人民共和国水土保持法》和《中华人民共和国水土保持法实施条例》,本工程的建设将做好水土保持方案,确保水土稳定,减少破坏原有植被。

第四节　经济效益分析

一、项目投资

项目投资明细见表8.5。

表8.5　项目投资明细(30 t/d)

序号	工程或费用名称	数量	金额/万元	备注
1	项目设计费		40	
1.1	可研编制		10	
1.2	初步设计		10	
1.3	加工图设计		10	
1.4	施工图设计		10	
2	设备费		700	
2.1	污泥热解气化设备	1	120	自主研发,专利技术
2.2	热解气燃烧设备	1	60	自主研发,专利技术
2.3	碳硅分离设备	1	80	自主研发,专利技术
2.4	活性炭制备设备	1	80	自主研发,专利技术
2.5	烘干设备	1	60	
2.6	造粒设备	1	25	
2.7	烟气净化装置	1	85	
2.8	电气自控成套设备	1	60	自主研发
2.9	储料、混料、输运设备	1	50	自主设计
2.10	其他设备	若干	80	
3	厂房建设费		385	
4	安装费		80	
4.1	土建安装		30	
4.2	设备安装		30	
4.3	总图安装		20	
5	调试费		40	
6	不可预见费		75	
	项目投资		1 320	

二、经济效益分析

(1)年运行成本分析　见表8.6。

表 8.6 年运行成本分析

序号	成本种类	数量	单位成本	年成本	备注
1	污泥运杂费	9 900 t	15 元/吨	14.85 万	每天 30 t/h 污泥,含水率60%
2	生物质原料费	1 250 t	280 元/吨	35 万	含运费,秸秆含水率10% ~20%
3	设备耗电成本	240 kW·h	0.75 元/kW·h	180 万	干燥机、造粒机、风机等
4	烟气净化成本	8 000 h	30 元/h	24 万	脱硫、脱销、除尘
5	人工工资	(10+1)人	工人8万/(人/年)管理10万/(人/年)	90 万	工人按照三班组考虑
6	维修费	12 月	1 万/月	12 万	年维修费平均到每月
	运行成本小计			355.85 万	
7	管理费用			15 万	办公及其他费用
8	销售费用			30 万	市场推广等
9	财务费用			5.5 万	50 万配套流资利息
10	各种税费	8.7%	788.2 万	68.6 万	平均综合税费
	年运营成本合计			474.95 万	

(2)年营收分析 见表8.7。

表 8.7 年营业收益

序号	收入种类	数量	单位价格	年收入	备注
1	污泥处理	9 900 t	280 元/t	277.2 万	污泥含水率60%
2	活性炭	1 144 t	4 000 元/t	457.6 万	炭灰总量=(9 900×0.4+1 250 ×0.9)×0.75 = 3 813.75 t,富碳炭灰占比30%
3	轻质骨料	2 670 t	200 元/t	53.4 万	
	总营收			788.2 万	

(3)财务年度净利润

年净利润=年总收入-年运营成本-年折旧=788.2-474.95-100=213.25 万元

(4)投资回收周期

投资总额(固资投资+配套流资)/(年净利润+年折旧)=(1 320+50)/(213.25+100)=4.37 年

综上所述,项目投入产出率较高,投资回收周期4.37 年,具有良好的经济效益。同时,项目符合国家连续多年出台的相关产业政策与方向,技术先进,优势凸显,投入合理,目标厂区具备基础条件。

第五节　社会效益分析

（1）污泥中的有机挥发分被全部利用，一部分转化为热能循环回用作为污泥干燥的热源，另一部分经炭化、分选及活化制成了可用于污水、烟气净化的活性炭，真正实现了污泥减量化和资源化，实现了"污水—污泥—能源—净化"的循环经济模式。

（2）运用热解气化和硅碳分离等技术将污水处理厂的市政污泥进行资源化利用，主体工艺生成的污染物都得到了严格的控制，烟气达到国家排放要求，除少量废水返回至污水处理厂处理外没有液体污染物的外排，产生的固体颗粒经收集后制备活性炭和混凝土添加剂进行了综合利用，噪声污染从设计、设备采购、施工和运行等方面严格控制，生产过程中不会对外界环境和社会造成不利影响。

（3）污泥高值化利用技术真正实现了变废为宝，解决了二次污染问题，真正达到了污泥无害化处理，实现了人们梦寐以求的节能环保社会效益。污泥高值化利用技术，打造了"污泥干化、热解气化能源回收、产碳综合利用全产业链"，可实现规模化利用，具有良好的示范效益。

▲ 本章小结 ▲

本章针对获嘉县污水处理厂进行污泥高值化资源利用工业化设计和应用，包括工业化生产线工艺设计、系统设备设计和选型，分析了建设规模30 t/d即9 900 t/年污泥处理生产线的经济效益。分析和测算结果表明，设备等固定资产投资1 320万元，年运营成本474.95万元，年运营收益788.2万元，年利润213.25万元，投资回收周期4.37年，项目具有良好的经济效益。污泥高值化利用技术真正实现了变废为宝，解决了污泥处理二次污染问题，达到污泥减量化、能源化、无害化、资源化综合利用的项目目标，实现了人们梦寐以求的节能环保的社会效益。

第九章 结论与展望

第一节 主要结论

针对市政污泥处理运行成本高、资源利用率低、易造成环境二次污染等问题,在系统总结污泥和生物质物化特性基础上,创新性地提出将污泥与生物质高效耦合资源化利用方法,即采用污泥与生物质耦合燃料制备、低温热力干燥、热解气化、低热值气体燃烧、热能梯级利用、碳硅高效分离、活性炭制备等先进技术,将污泥与生物质进行耦合高值化利用,实现了污泥与生物质的减量化、资源化、能源化与无害化。研究得到如下成果:

(1)揭示了污泥与生物质热解气化机理,建立了污泥热解、气化反应模型,比较分析了热解气化工艺及设备特点,提出了将热解气热值用于污泥烘干预处理,有效降低污泥处理运行成本,进而实现污泥与生物质二者的高效耦合资源化利用。针对热解气化炉内部流场进行了试验与模拟研究,所采用的计算模型对于气化炉内部两相流动状态有较好预测效果,这对于分析热解气化炉内部流动状态具有重要意义。对污泥与生物质催化裂解过程进行了试验研究,采用高效低成本催化剂可以降低焦油裂解温度,提高裂解效率,焦油裂解率达到99%。

(2)提出了将污泥与生物质高效耦合高值化利用的技术路线,通过生物质和污泥耦合气化机理及试验、污泥与生物质混合燃料制备技术、气化灰渣碳硅分离、活性炭制备等关键技术及成套装备的研究,实现减量化明显、资源化效率高、环境效益好的市政污泥资源化处理,进而实现市政污泥无害化、减量化、能源化、资源化处理。在此基础上,对污泥与生物质高效耦合高值化利用运行参数进行了系统设计,并通过系统热平衡计算,获得了整个污泥资源化处理系统的热平衡状况,研究结果表明,污泥资源化利用系统热量供需基本保持平衡,在添加生物质条件下还有一定的能源富裕。

(3)在对污泥的脱水机理进行分析基础上,深入研究了污泥与生物质掺混制取热解气化燃料的可行性工艺,对污泥、生物质掺混前后的原料进行化验对比,提出了适用于热解气化的原料掺混比例及水分要求,揭示了生物质纤维在混合物料中的骨架透气性物理机制,并在污水处理厂成功进行了污泥与生物质耦合燃料制备工业化试验。试验结果表明,污泥与生物质可以实现高效耦合协同脱水处理。最后,针对污泥与生物质热解气化进料过程中给料系统存在的容易堵塞、启动困难、密封不严、容易回火等技术难题,设计和改进了污泥与生物质热解气化进料系统的技术工艺。

(4)设计了适用于市政污泥与生物质耦合燃料的热解气化炉和低热值气体燃烧装置,开展了污泥与生物质协同热解气化试验。试验结果表明,污泥-生物质成型原料可在气化炉内连续完成热解气化过程,整个热解气化过程可实现连续进料、连续产气、连续出炭;气化得到可燃气体不进行焦油净化处理,直接经炉底由高温风机送至室外燃烧装置进行燃烧,尽可能利用气体显热和焦油热值,提升了热解气化效率和热能利用综合效率,保证了污泥热解气化系统的稳定性和连续性;研究了耦合原料气化产率、气体成分、气体热值和气化灰渣特性等参数随气化温度、气化压力的变化规律。当含水率60%污泥和含水率15%生物质掺混质量比大于等于4∶1时,污泥热解气化能够连续稳定运行,1 kg 污泥-生物质混合燃料(含水率20%)产气量1.4 m³,热解气低位热值3.47 MJ/m³。

(5)分析了影响碳硅分离、炭活化和制取高附加值活性炭的关键因素,设计制造了适用于气化灰渣碳硅分离和碳活化的设备,并将制备的活性产品在废水吸附中进行吸附性试验,对其应用技术可行性进行了评价。自主设计的低碳高灰分选机可有效降低气化污泥渣的灰分,提高碳源富集效率,经分选后产品的灰分值为40.1%、含碳率为35.32%。高温制备活性炭技术可行,其活性炭产品比表面积可达753.76 m²/g,形成了更多 C═C、C═O、—NH₂、—NH、C—OH 等基团,形成了污泥活性炭表面功能组。活性炭对 Cr⁶⁺ 去除率可达98%,吸附量达12.29 mg/g,证实了其制备活性炭技术可行性。

(6)开展了污泥与生物质耦合原料热解气化、热解气燃烧、碳硅分离及活性炭制备中试试验,对污泥与生物质高效耦合高值化利用关键技术进行了验证,并对成套装备运行稳定性及产品性能进行全方位测试。下吸式热解气化的气化层最高温度达712 ℃,热解气化过程中的热解层、气化层及燃尽层温度均趋于稳定,热解气化过程能够连续稳定运行,热解气热值为3 025.1 kJ/m³,与上吸式相比,下吸式热解气热值提高7%,焦油、水蒸气含量更低,说明下吸式热解气化效果优于上吸式。

(7)热解气化过程中,未挥发的重金属被牢牢固化在流化的无机硅酸盐晶体结构中,酸碱条件下均不会溶出,易挥发重金属 Zn 和 Pb 随可燃气燃烧、除尘后被固化在飞灰基质中,污泥热解气化后剩余炭灰的重金属含量明显降低,检测结果表明炭灰中的铬、铅等重金属含量均达到国家污泥处理要求。

(8)高温热解气不经冷却直接由高温风机送入燃烧炉能够连续稳定燃烧,可以充分利用热解气显热,提高了燃烧初始温度和烟气温度,热解气燃烧烟气温度可达1 050 ℃,蓄热区的温度上升速率和最高温度均高于点火区,多孔蓄热墙具有蓄热稳燃作用,热解气燃烧烟气温度达到活化要求。

(9)碳硅分离前后灰分、含碳量检测结果表明,碳硅分离后富碳炭灰灰分含量38%,相较原样降低了38.3%,富硅炭灰灰分含量92.7%,较原样提高了16.4%,富碳炭灰质量占比32%,富硅炭灰质量占比68%;碳硅分离后富碳炭灰的有机质和碳含量分别提高了48.9%、48.53%,而碳硅分离后富硅炭灰的有机质和碳含量均降低了21%,碳硅分离效果较为明显。碳硅分离后富碳炭灰在850 ℃高温及 CO₂ 气氛条件下活化120 min 后呈现微观多孔蜂窝结构,经检测其表观密度为0.3 g/mL,比表面积为662 m²/g,碘吸附值为815 mg/g,亚甲基蓝吸附值为125 mg/g,活性炭品质较好。中试结果表明,污泥与生物质耦合高值化利用技术可以产出高附加值的活性炭产品。

(10)针对获嘉县污水处理厂进行污泥高值化利用工业化设计,包括工业化生产线工艺设计、系统设备设计和选型,分析了建设规模 30 t/d 即 9 900 t/年污泥处理生产线的经济效益。分析和测算结果表明,设备等固定资产投资 1 320 万元,年运营成本 474.95 万元,年运营收益 788.2 万元,年利润 213.25 万元,投资回收周期 4.37 年,项目具有良好的经济效益和社会效益。

(11)采用市政污泥热解气化高值化利用技术,相比传统的污泥处理技术,减量化更加明显,资源化效率高;与此同时,污泥处理过程中整个系统封闭,负压烘干,无臭无味,可燃气高温处理,气体净化无二噁英等物质产生,环境效益较好。热解气化过程中,气化温度高达 800 ℃,重金属被牢牢固化在流化的无机硅酸盐晶格中,酸碱条件下均不会溶出。气化后的产物可制作碳基材料,其炭灰经物理分选和活化处理,含碳量和比表面积较高,可用于制备高附加值的活性炭和轻骨料,经济效益较好。因此,从综合处理成本和环境效益来看,与同类技术相比优势明显,具有很高的推广价值和市场前景。

第二节 主要创新点

针对市政污泥进行无害化、减量化、能源化、资源化处理,创新性地将污泥与生物质高效耦合处理,最终将污泥变为高附加值的活性炭和轻骨料,相比传统的污泥处理技术,减量化明显,资源化效率高,解决了污泥处理运行成本高、重金属污染严重、副产品价值低等一系列行业痛点问题,实现了污泥高值化利用。项目取得的主要创新点如下:

(1)采用污泥与生物质耦合燃料制备原料,将含水量低于10%的生物质、含水量约60%的污泥和和含水量为零的固结剂按一定比例送入双轴搅拌机混料,混合均匀后的原料经给料机送入制棒机压制成燃料棒,将团块状的污泥转化为小颗粒状的棒状材料,为污泥烘干和热解气化创造了条件。由于生物质分散在污泥中,起到了骨架和导管的作用,而且使污泥的透气性增加,易于脱除污泥中的结合水。与此同时,在制棒过程中的机械加热作用也加速了水分的脱除。污泥-生物质掺混后的干基热值可达到 10 450 kJ 以上,低水分和高热值可为污泥的热解气化提供良好的气化条件,提高了污泥热解气化的可靠性和稳定性,为后续燃烧工艺提供高品质的热解气。

(2)基于有机质高温热裂解理论设计了一种适用于污泥的热解气化装置,研发了低热值热解气低氮清洁高效燃烧装置。气化装置采用下吸式固定床气化炉,其工艺特点为热解气经过高温气化层和燃尽层,产出气体所含水蒸气和焦油较低;炉体通过异形耐火材料进行整体保温,并采用二次风补风方式保证气化层反应稳定;采用自动螺旋扒渣结构,确保气化炉连续排渣及其气化过程的密封性。低热值热解气低氮清洁高效燃烧装置采用了自行设计的高效低氮燃烧器,炉内设有多孔蓄热挡火墙,延长了烟气在炉内停留时间,确保低热值热解气在炉内燃烧充分,稳定燃烧温度达 1 100 ℃以上,未完全燃烧的焦油触碰到多孔蓄热挡火墙后也迅速参与高温反应,提升了焦油的燃烧效率,减少了焦油随烟气的外排量,提高了热解气化的热能利用综合效率。

(3)采用硅碳高效分离技术实现了炭灰富碳成分和富硅成分的有效分离,富碳成分作为活性炭的制备原料进入活化炉进行物理活化,活化工序结束后,经冷却、收集便可获得污泥活性炭产品;同时,富硅成分作为硅灰制备原料进入磨机进行超细粉磨后制备轻质高强度建筑材料。中试和工业性试验结果表明,污泥与生物质耦合热解气化后的炭灰可实现高效分离,制备出的活性炭具有较好的吸附性能,且系统工艺无任何固废排放,成功实现了污泥最大程度的资源化利用。

第三节　展　望

　　本项目基本实现了预期目标,有效验证了污泥–生物质混合原料"热解气化+热解气燃烧+碳硅分离+物理活化+资源化利用"技术路线切实可行,项目针对获嘉县污水处理厂进行污泥高值化利用工业化设计,结果表明项目具有良好的经济效益和社会效益,项目总体上取得了较好的研究成果。但是,由于研究时间和水平有限,在电气控制、污染物控制、运行参数优化等方面还存在不足,项目的研究深度和广度仍有待提升。今后,可从以下几个方面对项目进行完善:

　　(1)热解气化炉体、燃烧炉、碳硅分选机等关键设备的结构设计和运行工况可以进一步优化,包括改进二次进风、炉体保温和进料方式等,可使热解气化等设备结构趋于完善,进料方式更加合理,产气率进一步提升,进而提高系统的综合经济效益。

　　(2)进一步从物理、化学层面揭示污泥与生物质高效耦合机理,研究生物质纤维在污泥中的骨架作用,进而分析其多孔结构对低温烘干、热解气化反应等过程的影响规律,在定性和定量层面掌握污泥与生物质耦合高值化利用过程中的关键控制因素。

　　(3)补充污泥–生物质不同掺混比例试验,进一步探究掺混比例对气化过程、产气率、气体成分和热值的影响规律,尽可能降低生物质掺混比例,并研究多种生物质掺烧效果,为污泥与生物质高效耦合资源化处理的工业化生产应用提供更加可靠的基础数据、技术支撑及生物质原料供给保障。

　　(4)进一步完善污泥热解气燃烧形成的氮氧化物、二氧化硫、飞灰等污染物检测和控制技术,优化低氮燃烧器结构设计,开展污泥热解低热值气体在燃烧室内流场、压力及温度分布规律的研究和优化,降低污染物排放量,节约系统净化成本。

　　(5)在建立健全污泥与生物质高效耦合高值化技术标准的同时,进一步完善设备标准化、规范化、系列化的总结性研究,加大相关污泥与生物质利用装备的设计规格、处理能力及项目规模。

参考文献

[1] 李淮东,冯力,侯亚红. 市政污泥处理新技术的应用及资源化途径探索[J]. 节能与环保,2022(1):68-69.

[2] 易维明. 生物质热裂解及合成燃料技术[M]. 北京:化学工业出版社,2020.

[3] 范荼麋. 城市污水污泥资源化利用[J]. 科技风,2010(8):80.

[4] 杨虎元. 我国城市污水污泥处理现状[J]. 北方环境,2010,22(1):79-80.

[5] 刘卫. 调理剂在高含水率污泥堆肥中的作用研究[D]. 长沙:湖南大学,2013.

[6] 王琳,李德彬,刘子为,等. 污泥处理处置路径碳排放分析[J]. 中国环境科学,2022,3:1-10.

[7] 潘旭东. 对城市污水污泥的深度脱水技术的探讨[J]. 能源与节能,2021(12):74-76.

[8] 赵发敏,李兴杰,冯楠,等. 污泥处理处置技术的应用研究及进展[J]. 有色冶金节能,2021,37(6):50-54.

[9] ZHANG Y F, ZHANG S Y, LI H, et al. Treatment of municipal sludge by hydrothermal oxidation process with H_2O_2[J]. Chemosphere,2020,257:127-140.

[10] 黄喜茹,陈佳明,彭翠燕,等. 城市污水厂污泥处置及资源化分析[J]. 福建建设科技,2021(5):105-108.

[11] 宋立竹,刘仁龙,赵庆春. 污泥干化处理技术的现状及未来发展[J]. 化学工程与装备,2021(9):213-214.

[12] 吴春苗. 城镇污水处理厂污泥资源化利用技术研究[J]. 低碳世界,2021,11(6):109-110.

[13] 陈彦秀,李刚. 市政污泥脱水技术研究进展[J]. 环境科学与技术,2021,44(S1):308-311.

[14] 王杰,熊祖鸿,石明岩. 污泥能源化技术研究进展[J]. 现代化工,2021,41(7):99-102.

[15] 姜龙波,袁兴中,肖志华,等. 生物质颗粒与生物质-污泥混合颗粒的比较研究[J]. 能源管理,2016,30(1):1-6.

[16] NOSEK R, WERLE S, BORSUKIEWICZ A, et al. Investigation of Pellet Properties Produced from a Mix of Straw and Paper Sludge[J]. Applied Sciences,2020,10(16):5450.

[17] 方诗雯,丁力行,陈姝,等. 造纸污泥与煤/生物质掺混燃烧特性及动力学分析[J]. 仲恺农业工程学院学报,2021,34(1):41-47.

[18] 曾凡,王慧雅,丁克强,等. 市政污泥的碳资源化利用研究进展[J]. 中国资源综合利用,2021,39(10):110-117.

[19] 袁国安,张瑞娜,陈德珍. 城市木质废弃物热解炭活化制备活性炭的可行性研究[J]. 广东化工,2021,48(19):117-118.

[20] 张志霄,杨帆,高雨. N₂/CO₂气氛下含油污泥热解特性实验研究[J]. 杭州电子科技大学学报(自然科学版),2022,42(1):82-886.

[21] 马仑,夏季. 污泥与生物质共热解后残碳气化特性的实验研究[J]. 湖北电力,2021,45(6):10-16.

[22] 张一昕,郭旸,王如梦,等. 宁东煤气化细渣及其碳灰分离产物物理化学性质研究[J]. 煤炭学报,2021,46(S2):1096-1104.

[23] 张佳玲,方芳,董锦云,等. 改性污泥质生物炭吸附污水中有机污染物的研究进展[J]. 环境化学,2021,40(10):3144-3157.

[24] 张辰,王国华,孙晓,等. 污泥处理处置技术与工程实例[M]. 北京:化学工业出版社,2006.

[25] 付杰,邱春生,王晨晨,等. 污泥热水解处理过程重金属的迁移转化与风险评价[J]. 化工进展,2022,41(4):2216-2225.

[26] 王绍文,秦华,邹元龙,等. 城市污泥资源利用与污水土地处理技术[M]. 北京:中国建筑工业出版社,2007.

[27] 贾川,张国芳. 国内外市政污泥处理处置现状与趋势[J]. 广东化工,2020,47(14):123-124.

[28] 朱栋,徐颖. 国内外城市污泥处理处置技术研究现状及发展趋势[J]. 科学中国人,2017(20):279.

[29] 汪泽洋. 国内外污泥处理处置技术研究与应用现状[J]. 冶金管理,2021(3):141-142.

[30] LUO H X,CHENG F W,YU B,et al. Full-scale municipal sludge pyrolysis in China: Design fundamentals,environmental and economic assessments,and future perspectives[J]. Science of the Total Environment,2021,795:148832.

[31] ZHUJ J,YANG Y,YANG L. High quality syngas produced from the co-pyrolysis of wet sewage sludge with sawdust[J]. International Journal of Hydrogen Energy,2018,43(11):5463-5472.

[32] 刘尚铭. 国内外污泥处理处置技术现状探讨[J]. 中国设备工程,2020(3):209-210.

[33] 张冬,董岳,黄瑛,等. 国内外污泥处理处置技术研究与应用现状[J]. 环境工程,2015,33(S1):600-604.

[34] 陈晨咏. 污水处理厂污泥处置技术及再利用研究[J]. 皮革制作与环保科技,2021,2(19):107-108.

[35] 曹迎红. 污水处理厂污泥处理资源化利用技术分析[J]. 资源节约与环保,2020(5):94.

[36] 王小颖. 污泥处理方法工艺论述及对比[J]. 节能与环保,2021(5):45-46.

[37] 黄磊. 污泥处理处置现状分析[J]. 南方农机,2019,50(24):282.

[38] 赵发敏,李兴杰,冯楠,等. 污泥处理处置技术的应用研究及进展[J]. 有色冶金节能,2021,37(6):50-54.

[39] FOLGUERAS M B, ALONSO M, DíAZ R M. Influence of sewage sludge treatment on pyrolysis and combustion of dry sludge[J]. Energy, 2013, 55: 426-435.

[40] HUANG X, CAO J P, SHI P, et al. Influences of pyrolysis conditions in the production and chemical composition of the bio-oils from fast pyrolysis of sewage sludge[J]. Journal of Analytical and Applied Pyrolysis, 2014, 110: 353-362.

[41] 戴晓虎. 我国污泥处理处置现状及发展趋势[J]. 科学, 2020, 72(6): 30-34.

[42] 王其. 试析市政污泥处理的现状与发展[J]. 绿色环保建材, 2020(6): 71-73.

[43] 李淮东, 冯力, 侯亚红. 市政污泥处理新技术的应用及资源化途径探索[J]. 节能与环保, 2022(1): 68-69.

[44] 王晓利, 曾正中, 王厚成, 等. 污泥处理处置及资源化方法探讨[J]. 环境工程, 2014, 32(3): 150-154.

[45] 覃思宇, 王丹丹. 关于我国城镇污水处理厂污泥处理处置的现状分析[J]. 化工管理, 2020(15): 49-50.

[46] 常春, 刘元. 城镇生活污水处理厂污泥处理处置常见问题与对策分析[J]. 建筑与预算, 2022(1): 76-78.

[47] 杨裕起. 城市污泥处理处置技术研究进展[J]. 化工设计通讯, 2020, 46(2): 223-231.

[48] 庞赟佶, 王宏东, 陈义胜, 等. 城市干污泥热解气化[J]. 环境工程学报, 2017, 11(11): 6022-6027.

[49] 王艳语, 苗俊艳, 侯翠红, 等. 城市污泥热解及其固体残渣资源化利用[J]. 化工矿物与加工, 2020, 49(12): 41-45.

[50] 杨凯. 城市污泥热解过程中的热分析及热解气的净化[D]. 秦皇岛: 燕山大学, 2018.

[51] 李海英. 生物污泥热解资源化技术研究[D]. 天津: 天津大学, 2006.

[52] 甘义群. 城市污泥热解特性及资源化利用新方法试验研究[D]. 武汉: 中国地质大学, 2005.

[53] 金溢. 城市污泥与废弃生物质共热解基础研究[D]. 泉州: 华侨大学, 2013.

[54] 宁方勇. 城市污水污泥热解多联产技术研究[D]. 杭州: 浙江工业大学, 2012.

[55] 刘秀如. 城市污水污泥热解实验研究[D]. 北京: 中国科学院, 2011.

[56] 陈雅洁. 城市污水污泥加压热解及产物特性研究[D]. 大连: 大连理工大学, 2018.

[57] 戴晓虎, 张辰, 章林伟, 等. 碳中和背景下污泥处理处置与资源化发展方向思考[J]. 给水排水, 2021, 57(3): 1-5.

[58] WANGC X, BI H B, JIANG Q Z. Co-pyrolysis of sewage sludge and rice husk by TG-FTIR-MS: Pyrolysis behavior, kinetics, and condensable/non-condensable gases characteristics [J]. Renewable Energy, 2020, 160: 1048-1066.

[59] 金刚. 基于碳中和的污泥处理与资源化发展论述[J]. 资源再生, 2021(10): 58-60.

[60] 王格格, 李刚, 陆江银, 等. 热解工艺对污泥制备生物炭物理结构的影响[J]. 环境工程学报, 2016, 10(12): 7289-7293.

[61] 金正宇, 张国臣, 王凯军. 热解技术资源化处理城市污泥的研究进展[J]. 化工进展, 2012, 31(1): 1-9.

[62]陈红霞. 生活污泥处理与处置技术的研究进展[J]. 山西化工,2021,41(1):190-192.

[63]王可辉,蒋芬. 市政污泥干化及焚烧处理工艺的分析及建议[J]. 江西化工,2021,37(3):19-23.

[64]彭海军. 市政污泥热解产物特性及工艺条件的研究[D]. 长沙:湖南农业大学,2014.

[65]武舒娅,周涛,赵由才. 市政污泥热解技术及其影响因素研究进展[J]. 山东化工,2020,49(6):85-87.

[66]刘文彬,文岳雄,王越兴,等. 市政污泥干化热解工艺分析与热平衡模型的构建[J]. 净水技术,2019,38(9):113-117.

[67]桂成民. 微波热解制备污泥生物炭研究[D]. 广州:广东工业大学,2015.

[68]杨儒浦. 污泥快速热解技术的能源经济性研究[D]. 武汉:华中科技大学,2017.

[69]WANG Z Y,LIU T,DUAN H R,et al. Post-treatment options for anaerobically digested sludge:Current status and future prospect[J]. Water Research,2021,205:117665.

[70]闫志成,许国仁,李建政. 污泥热解工艺的连续式生产性研究[J]. 中国给水排水,2017,33(13):16-20.

[71]张垦. 污泥热解工艺机理与碳排放研究[D]. 哈尔滨:哈尔滨工业大学,2011.

[72]GUO S,XIONG X Y,CHE D Y,et al. Effects of sludge pyrolysis temperature and atmosphere on characteristics of biochar and gaseous products[J]. Korean Journal of Chemical Engineering,2021,38(1):55-63.

[73]侯宝峰. 污泥热解技术的研究进展[J]. 城镇供水,2017(6):73-77.

[74]黄静,刘建坤,蒋廷学,等. 含油污泥热解技术研究进展[J]. 化工进展,2019,38(S1):232-239.

[75]武舒娅,周涛,赵由才. 市政污泥热解技术及其影响因素研究进展[J]. 山东化工,2020,49(6):85-87.

[76]高豪杰,熊永莲,金丽珠,等. 污泥热解气化技术的研究进展[J]. 化工环保,2017,37(3):264-269.

[77]李海霞,王仁群. 污泥热解气化在资源化利用方面的研究[J]. 视界,2018(32):77-78.

[78]DENG S H,TAN H Z,WANG X B. Investigation on the fast co-pyrolysis of sewage sludge with biomass and the combustion reactivity of residual char[J]. Bioresource Technology,2017,239:302-310.

[79]ZHANG Z Y,JU R,ZHOU H T,et al. Migration characteristics of heavy metals during sludge pyrolysis[J]. Waste Management,2021,120:25-32.

[80]WEI L H,WEN L N,YANG T H,et al. Nitrogen Transformation during Sewage Sludge Pyrolysis[J]. Energy Fuels,2015,29(8):5088-5594.

[81]XIONGS J,PANG R Z,ZHUO J K,et al. Study on Nitrogen Transformation during Sewage Sludge Pyrolysis at Low Temperatures[J]. Applied Mechanics and Materials,2015,4002(768):484-495.

[82]CHENH P,SI Y H,CHEN Y Q. NO$_x$ precursors from biomass pyrolysis:Distribution of amino acids in biomass and Tar-N during devolatilization using model compounds[J].

Fuel,2017,187:367-375.

[83]HOSSEIN S,MOHSEN N. Pyrolysis of municipal sewage sludge for bioenergy production: Thermo-kinetic studies,evolved gas analysis,and techno-socio-economic assessment[J]. Renewable and Sustainable Energy Reviews,2020,119(C):109567.

[84]HAN L,CHONG F G,GUO Z Q. Research Progress of Sludge Pyrolysis Catalysts[J]. IOP Conference Series: Earth and Environmental Science,2021,651(4):042007.

[85]LUO S Y,YU F. The production of hydrogen-rich gas by wet sludge pyrolysis using waste heat from blast-furnace slag[J]. Energy,2016,113:845-851.

[86]HAN R,ZHAO C X,LIU J W,et al. Thermal characterization and syngas production from the pyrolysis of biophysical dried and traditional thermal dried sewage sludge[J]. Bioresource Technology,2015,198:276-282.

[87]GUO F H,GUO Y,GUO Z K,et al. Recycling Residual Carbon from Gasification Fine Slag and Its Application for Preparing Slurry Fuels [J]. ACS Sustainable Chemistry And Engineering,2020,8(23):8830-8839.